ART
DESIGN

U0229727

作者简介

毕留举，男，1989年毕业于天津美术学院工业设计系，现为天津城市建设学院艺术系副主任、副教授。主要从事工业设计专业教学与产品设计研究，发表多篇专业论文，主持和参与多项科研项目。

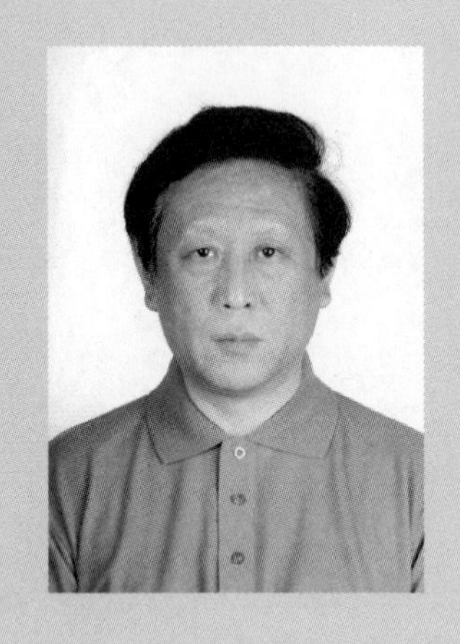

解基程，男，54岁，天津工业大学艺术与服装学院教学院长，副教授，硕士生导师，中国“流行色”协会理事，天津包装设计协会理事，天津服装商业协会名誉会长。曾出版《素描教程》《西方绘画赏析》《西方绘画形态》《基础色彩》《平面造形基础》等书。

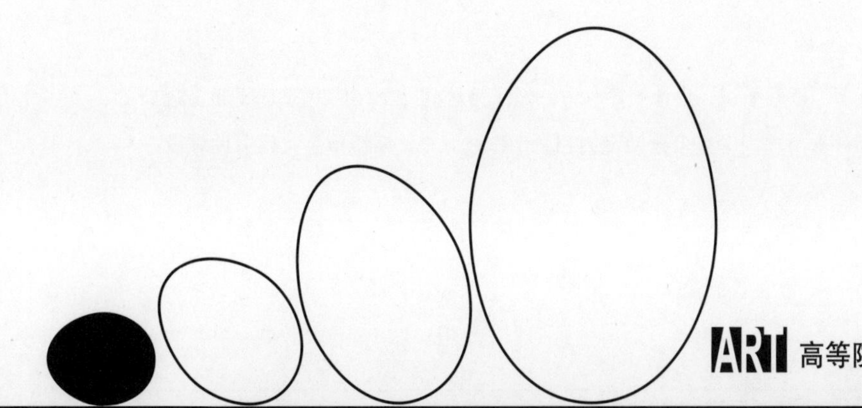

ART 高等院校设计专业教材・环境设计

城市公共环境设施设计（第二版）

DESIGN OF URBAN PUBLIC ENVIRONMENTAL FACILITIES

毕留举　主编

解基程　副主编

张小开　孙媛媛　参编

湖南大学出版社・长沙

内容简介

对城市公共环境设施基本概念、基础知识、设计程序与方法做了系统的介绍，同时针对城市主要的空间环境与设施进行了介绍和分析，选用了很多典型案例和学生作业，来说明城市公共环境设施设计的系列化和整体性，强调设施与环境的融洽、协调。

图书在版编目（CIP）数据

城市公共环境设施设计／毕留举主编. — 长沙：湖南大学出版社，2010．5（2023.2重印）

（高等院校设计专业教材・环境设计）

ISBN 978-7-81113-823-8

Ⅰ.①城… Ⅱ.①毕… Ⅲ.①城市－环境设计－高等学校－教材

Ⅳ.①TU-856

中国版本图书馆CIP数据核字（2010）第089870号

城市公共环境设施设计

CHENGSHI GONGGONG HUANJING SHESHI SHEJI

主　　编： 毕留举

责任编辑： 胡建华

出版发行： 湖南大学出版社　　**责任校对：** 全　健

社　　址： 湖南・长沙・岳麓山　　**邮　　编：** 410082

电　　话： 0731-88822559(营销部),88821251(编辑室), 88821006(出版部)

传　　真： 0731-88822264(总编室)

电子邮箱： hjhhncs@126.com

印　　装： 湖南雅嘉彩色印刷有限公司

开　　本： 889mm×1194mm　1/16　　**印　　张：** 10.5　**字　　数：** 200千字

版　　次： 2015年1月第2版　　**印　　次：** 2023年2月第3次印刷

书　　号： ISBN 978-7-81113-823-8

定　　价： 42.80元

丛 书 编 委 会

总 ZONGXU 序

世界现当代历史发展表明：一个不重视设计发展的民族是没有希望的民族。因为设计与经济的发展是息息相关的，在很大程度上，设计状况是经济状况的折射！今天，中国经济的持续快速发展，表明了中国设计的发展已具有了一定的基础，并预示着美好的前景！

中国的现代设计教育，在经历了二十多年的发展之后，已步入了一个十分关键的时期。这是因为：一方面，我们对西方的设计教育已经历了因袭、学习、撷取等环节和过程，正面临着选择适合我们民族心理、民族文化和民族生活的新的设计之路；另一方面，西方发达国家现代设计教育体系的构建和完善，其内在规律和外部规律的具体内涵，需要我们结合本民族的存在时空去学习和把握。正因为如此，今天中国的设计教育任重而道远，在设计教育十分关键或者说是转型时期，作为培养高层次设计人才摇篮的高等院校，人才培养的质量固然取决于办学理念和思路，但具体落实还是在教学上。众所周知，教学质量的高低取决于教和学两个方面的互动。对于教师而言，是个人的才（智力）、学（知识）、识（见解）和敬业精神；对于学生来说，是学习态度、方法和个人的悟性。师生之间，能够沟通或者说可以获得某种互补的应该是教材。所以，中外教育，不论是素质教育还是精英教育，都十分重视教材建设。

目前国内设计艺术教材，可谓汗牛充栋，但仍不尽如人意。主要表现在：一是没有体现设计教育的本质特征；二是对于设计和美术的联系与区别含混不清；三是缺乏时代性和前瞻性；四是理论阐述与实践的操作缺乏有机联系。正是基于这种认识，清华大学、江南大学、湖南工业大学、浙江工业大学等院校的有关专

ART

业教学人员共同发起，由湖南大学出版社组织了全国近三十所院校设计专业的专家、学者编撰出版了一套“高等院校艺术设计基础教材”，品种近30种。该套教材自2004年秋季推出以后，在高校和社会反响良好。于是在2005年春，大家又提出编撰“高等院校艺术设计专业教材”的设想，很快得到原参编院校和另外一些使用院校的响应，并先后两次召开了主编会议，确定了编撰宗旨、原则和具体编写细则。按照大家达成的共识，本套专业教材的宗旨是：兼顾设计专业多元化与专业化并存的特点，体现设计专业实用性的要求，既注重设计技法的传承，又旨在培养学生的创造意识和能力。在内容上，本套教材努力实现以下特色：

第一，围绕设计的本质、含义和特征，力求设计与艺术、设计与技术、设计与美术有机融合，试图克服长期以来设计教育忽视新材料、新技术，游移于美术范畴的弊端。

第二，坚持理论的指导性，注重设计理论的总结、提炼和升华，避免设计专业教材只是介绍技法表现的情况。

第三，在体现设计发展进程中技法传承性的同时，将重点置于对技法本体内容的阐释和技法创新的探索上。因为设计的创造性不能停留在对设计技法表现掌握的层面上，极富创造力的设计，本身就包含了技法的创新，往往也预示着新技法的出现。

参与本套教材撰写的大多是在专业设计领域卓有成就、具有丰富教学经验的专家和学者，但限于设计所根植的时代、社会的不断变迁，以及设计本身创造性、创新性的本质要求，本套教材是否达到了预期的编撰目的和要求，只有通过广大教师和学生使用以后，才能有一个初步的结果。因此，我们期待着设计界同仁和师生的批评指正，以便随时进行完善和修订。

朱和平

目录

contents

Contents 目录

1

城市公共环境设施概述

1.1 城市公共环境设施概念

城市公共环境设施是伴随着城市的发展和社会的文明而产生和发展起来的，城市公共环境设施是人与环境的纽带，遍布于我们生活的城市的环境中，是城市景观的主要要素之一。在城市的每个街区中，各式各样的公共设施默默地给人提供各种便利的服务，也为提高城市功效作出贡献。

因学科研究方向和切入点的不同，城市公共环境设施的名称，有时也被称为“环境设施”、“城市家具”、“建筑小品”等。

“环境设施”一词源于英国，英语为street furniture，直译为“街道的家具”。类似的词还有sight furniture(园景装置)，urban furniture(城市装置)，在欧洲称为urban elemeni(城市配件)，在日本则被理解为“步行者道路的家具”或者“道的装置”，也称为“街具”。

“城市家具”一词中的“家具”(furniture)的定义为“人类日常生活和社会生活中使用的，具有坐卧、凭倚、储藏、间隔等功能的器具。一般由若干个零部件按一定的结合方式装配而成”。从广义角度上，家具是人们生活、工作、社会活动不可缺少的用具，是一种以满足生活需要为目的的，追求视觉表现与理想的产物。因此，所谓“城市家具”即“城市公共环境设施”，主要指在城市户外空间(包括室内到室外的过渡空间)中满足人们进行户外活动需要的用具，是空间环境的重要组成部分，是营造自由平等、充满人文关怀等美好氛围的社会环境的重要元素。

目前，各国学者对公共环境设施所界定的含义存有差别。克莱尔认为：“公共设施就是指城市内开放的、用于室外活动的、人们可以感知的设施，它具有几何特征和美学质量，包括公共的、半公共的供内部使用的设施。”我国的一些学者认为：公共设施包括公共绿地、广场、道路和休憩空间的设施等。综合分析以上相关概念，我们可以看出，公共设施主要是面向社会大众开放的交通、文化、娱乐、商业、广场体育、文化古迹、行政办公等公共场所的设施、设备等。

城市公共设施是城市空间环境整体化不可缺少的要素，它不仅是城市户外活动场所为人们提供休息、交流、活动、通信等必要的使用设施，还因其具有的景观的特殊功效，是室外空间景观环境的重要组成部分之一，增加了城市空间的设计内涵。公共设施的应用形式和视觉艺术效果等方面，也在逐渐提高。在知识时代的今天，高效率高科技的城市发展，使与之相适应的公共设施也日益受到了人们的重视和青睐。公共设施表现了城市的气质和风格，显示出城市的经济实力、商业的繁荣和科技的发达（图1－1～图1－5）。

图1－1 公交候车亭

图1－2 街道限行护栏

图1－3 上海世博会标牌

图1－4 儿童娱乐设施

图1－5 商业售卖亭

1.2 城市公共环境设施分类

公共环境设施的内容大而广，从大空间到小空间，从室内到室外，根据不同情况公共设施的分类方法也有所不同。本文主要基于工业设计角度，依照欧美及日本的经验，主要从功能出发，将其分为十大系统（表1－1）。

表1－1 公共环境设施十大系统

设施种类	内容
休息设施	座椅、凉亭、棚架
信息设施	公用电话亭、街钟、邮筒、商业性广告牌、广告塔、标志牌、路牌、导游图以及电子问讯装置等
交通设施	候车亭、护柱、护栏、自行车停放架、交通信号、道路标志、停车场装置、盲道
卫生设施	公共厕所、垃圾箱、烟灰桶、饮水器、洗手池
管理设施	管理亭、消防栓、配电箱、窨井盖
商业设施	售货亭、自动售货机
游乐设施	健身设施、游乐设施
照明设施	路灯、草坪灯、庭院灯、霓虹灯、投光照明
无障碍设施	残疾人坡道、专用电梯等
观赏类设施	花坛、景观小品

（1）休息设施

休息设施是直接服务于人的设施之一，最能体现对人性的关怀。在城市空间场所中，休息设施是人们利用率最高的设施。休息设施以椅凳为主，适当的休息廊也可代之，主要设置在街道小区、广场、公园、步行街道等处，以供人休息、读书、交流、观赏等（图1－6～图1－8）。

图1－6、图1－7 座椅

图1-8 凉亭

(2) 信息设施

信息设施种类很多，包括以传达视觉信息为主题的标志设施、广告系统和以传递听觉信息为主的声音传播设施。在日常生活中，我们具体接触到的形式主要有指示牌、街钟、电话亭、音响设备、信息终端等（图1－9～图1－11）。

图1-9 道路指示牌
图1-10 街钟
图1-11 信息亭

(3) 交通设施

城市空间环境中，围绕交通安全方面的公共设施多种多样，其目的也各不相同。大到汽车停车场、人行天桥，小到道路护栏、公交车站点都属于交通设施，在我们周边环境中通常接触到的还有通道、台阶、坡道、道路铺设、自行车停放处等（图1－12～图1－14）。

图1-12　候车亭

图1-13　护栏

图1-14　自行车架

（4）卫生设施

卫生设施主要是为了保持城市市政环境卫生而设置的具有各种功能的装置器具。这类设施主要有垃圾箱、烟灰桶、雨水井、饮水器、洗手器、公共厕所等（图1-15～图1-19）。

（5）管理设施

在一座现代化的城市中，管理设施是保证城市正常运行电力、水力、煤气、供热、网络信息及消防等的设施，是城市的基础设施。这类设施主要有消防栓、配电箱、窨井盖等（图1-20～图1-22）。

（6）商业设施

商业步行街除了两侧的商店外，有时还需要有一些具有特色的辅助服务设施，如自动售货机和售货亭。它们既可以弥补一些商品种类的不足，又提供了不同的购买方式，丰富了人们在步行街上的活动(图1-23、图1-24）。

图1-15 垃圾箱

图1-16 垃圾箱

图1-17 饮水器

图1-18 公共厕所

图1-19　烟灰缸

图1-20～图1-22　窨井盖

图1-23　售货车

图1-24　售货亭

(7)游乐设施

随着人们生活水平的提高，休闲健身游乐设施越来越引起人们的重视。街头的雕塑，以及儿童和成年人所需的娱乐活动场地、健身设施等是必不可少的游乐设施（图1-25、图1-26）。

图1-25 健身设施

图1-26 儿童游乐设施

(8)照明设施

电力照明先进程度是现代化城市的标志。照明设施不但为人们夜间出行带来了便利，也为城市增添了光彩，使夜晚的城市更加迷人。这类设施主要有路灯、草坪灯、庭院灯、霓虹灯等（图1-27～图1-31）。

(9)无障碍设施

无障碍设施指满足不同程度生理伤残缺陷者和正常生活能力衰退者（如残疾人、老年人）使用需求的公共装置。

(10)观赏设施

观赏设施主要是指花坛和景观类小品。

图1-27、图1-28 草坪灯
图1-29～图1-31 路灯

1.3 城市公共环境设施的发展

1.3.1 国外城市公共环境设施的发展

从历史资料上看，上古时代祭天的公共场所可以定义为最早出现的公共设施。像古希腊罗马时期的城市排水系统、古奥林匹克竞技场、古剧场这些都属于当时的公共设施。西方早期的城市中主要修建了如公共浴室、喷泉、广场、神庙、柱廊等市政设施供大众使用。考古学家在庞贝城遗址上发现，古罗马时期的城堡、园林是以环境设施为主的景观环境，它的园内有藤萝架、凉亭，沿墙设座凳，以水渠、草地、花池、雕塑为主体对称布置。而大量的城市公共生活所需如照明、指路牌等设施因社会观念、技术落后等原因没有出现在早期的国外城市中。直到9世纪，科尔多瓦在街道两旁设置了街灯，为夜间行人提供了方便。几百年后，英国伦敦街道上出现了煤气街灯。

19世纪法国巴黎的大改造标志着真正意义上的城市公共设施的出现，1853—1871年塞纳区行政长官奥斯曼男爵组织执行巴黎公众设施改善计划——拓宽大道，疏导城市交通，改善居住环境。新规划的街区和建筑可以面临街道开高窗，使居民可以通过阳台俯瞰街上的行人和马车；设置露天咖啡馆满足人们日益增长的需要，为室外生活空间服务；同时政府开始在街道两旁种植数英里的行道树，美化街道节点，并安装路灯、座凳和其他的路边设施小品。改造后的大街两旁整齐地布置着街灯、座椅、广告柱和报亭，其风格沿用两侧建筑物的新古典式样。巴黎的大改造取得了巨大成功，同时，也昭示着在城市中系统地规划公共设施将成为城市建设的重要一环（图1-32～图1-36）。

1903年设计师吉马德设计了巴黎的地铁入口系列，这些入口结构系采用青铜和其他金属材料铸造而成，地铁入口顶棚和栏杆都模仿植物枝干扭曲的形状，长长的曲线形灯杆上有花苞般的灯头。吉马德设计了100多个巴黎的地铁入口，至今仍是巴黎市的一大景观，也是经典的城市公共设施设计作品（图1－37、图1－38）。

图1－32 古排水系统

图1－33 古剧场

图1－34 广场上的纪念柱

图1－35 庞贝古城庭院内的设施

图1－36 香榭丽舍大道

图1－37、图1－38 地铁入口

1.3.2 中国城市公共环境设施的发展

在中国古代，城市公共设施也有所体现，从北宋风俗画《清明上河图》中，我们便可看到当时的京都汴梁街面的繁华。街道店铺上各种招牌、门头、商店的幌子等，便是当时的公共环境设施。中国古代还有类似石牌坊、牌楼、拴马桩、石狮子、水井等满足人们日常所需的设施（表1-2）。我国的公共设施发展经历了一个漫长的过程，虽然在封建社会，城市街道、庙宇、码头等设施在当时的世界上是比较发达的，但是到了近代，由于工业化起步比较晚，经济比较落后，公共设施的建设反而落后于西方发达国家（图1-39～图1-45）。

表1-2 明清时期城市公共设施一览表

设施种类	内容
便利性设施	桥梁、井台、牌坊、牌楼、雨廊、路亭、石桌
安全性设施	水闸、城门、吊桥、台基、金缸、水池
信息性设施	旗杆、日晷、招牌、匾额、牌坊、牌楼、观象台
装饰性设施	石鼓、石灯、铺地
礼仪性设施	石狮、华表、石碑、铜龟、铜鹤、香炉、祭坛、碑亭、铜鼎
民俗节日性设施	彩灯、龙灯、伞盖、水磨、大铜壶、彩楼、旗帜

图1-39、图1-40 《清明上河图》描绘出古代商业街市

图1-41 鎏金铜缸

图1-42 铜狮

图1-43 香炉

图1-44 日晷

图1-45 店铺招牌

1.3.3　城市公共环境设施的发展趋势

目前，城市公共环境设施的制作、工艺、材料、环境意象和空间表现方法等各方面正由国际化、标准化的模式向个性化和风土化等具有地域特色方向探索。当今的城市公共设施设计正朝着环境整体化、功能综合化、细部精致化、造型雕塑化、设计人性化、高科技智能化方向发展，设计内容向着广大的民主生活、社会文化、人的深层次意识领域的方向发展。

（1）环境整体化

建筑设计大师赖特提出了“有机建筑”的设计思想，他认为一栋建筑除了在它所在的地点之外，不能设想放在任何别的地方。它属于环境的一个组成部分，它给环境加光彩，而不损坏它。哲学原理中整体与部分的辩证关系可以帮助我们更好地了解公共设施与环境间的关系。公共设施是整个环境的重要组成部分，而公共设施功能各不相同，它们组合起来是地域环境中景观设计的一个层次，是人与环境的纽带。不同的地域有着不同的文化差异，要尊重地域文化，公共设施设计要体现地域特色。因此公共设施的设计仅停留在重视紧凑、实用、耐用、易识别、便于加工等方面，已满足不了人们日益增长的精神文化需求，还需要能反映城市和地域的环境特征，要同城市的历史、民族、风土、宗教、居民的需要、城市发展的未来取向及潜在的危机等方面等联系起来整体考虑(图1－46～图1－49）。

图1-46～图1-49 万松书院标牌设计风格统一

（2）设计人性化

人性化设计的理念是人类一直追求的目标。人性化设计是指在设计活动中，注重人性需求，针对使用者的各种需要展开设计，最终满足使用者“生理与心理、物质与精神”多层次的需要，体现“以人为本”的设计思想。影响公共设施人性化设计的要素主要包括四个方面：人的因素、文化因素、环境因素及设施本身的因素。公共设施是居民社会生活的设施，具有人性化的设计才能真正体现出对人的尊重与关心，这是一种人文精神的集中体现，是时代的潮流与趋势。公共设施与人类的活动息息相关，因此公共设施设计时，要把“人的因素”作为一个重要的条件来考虑，也就是从生理学和心理学两个方面进行考虑，注重公共设施在安全、方便、舒适、美观、精神、文化、环境等方面的评价，即以人性化的最大需求为主。

（3）高科技智能化

现代公共设施是一个综合的、整体的有机概念。人们过去常常把它们简单地分解为实用或装饰两大类，伴随着信息时代的到来，网络技术普遍应用到生活的各个方面，城市公共设施作为城市不可缺少的元素，在设计上应该突破传统的“城市街道家具”概念，引入互联网技术，努力将许多高精尖的科技成果应用于城市公共设施上，使之具有更多功能，使人们的生活更加便捷、高效（图1－50～图1－54）。

图1－50～图1－52　公共设施的构建更加标准和精致

图1－53　上海世博会信息自助机

图1－54　西班牙智能气候树调节环境

1.4 城市文化与公共环境设施

当今时代，文化越来越成为民族凝聚力和创造力的重要源泉，每一座城市都有着它自身悠久的历史和浓厚的文化底蕴。城市是历史文明和现代文明的承载地，城市文化是一个城市的历史底蕴、审美情趣、道德价值等的综合体现，它积淀着这个城市最深层的精神追求和行为准则，不同城市之间，城市文化存在着明显的个性差异。准确的城市文化定位可以鲜活城市形象，可以扩大城市的无形资产，可以提升城市的内涵和品位，可以彰显城市的个性和魅力。21世纪，城市以文化论输赢，文化是城市的魂，形象是城市的品位，独具特色的城市文化可以塑造独特的城市风格。中国城市有多种文化特色，如天津的中西合璧、哈尔滨的俄罗斯风情、杭州的江南风韵、包头的草原文化等，无不以一种特有的文化符号叩击着人们的心扉，并表现为某种形象留在人们心中。

城市文化的构建分三个层次：第一层为物质文化层，第二层为行为文化层，第三层为观念文化层。物质文化作为城市文化构建的第一层次，主要作用于人们的视觉系统，体现在城市的主要标志、基本建设项目和公共设施上。城市公共设施直接体现着城市的形象，是城市形象中最先被人感知的部分，是城市形象的窗口。

城市公共设施设计既不能脱离前人和原有的人文环境去凭空架构，也不能简单地重复过去，必须尊重地域文化，挖掘和创造有生命力的城市地域文化，才能使公共设施融入城市，才能引起市民的共鸣。公共设施的形态不仅可以满足使用功能，还可以作为地域文化的载体。例如，在欧洲，城市有很多保存完好的古代城镇使用过的具有中世纪风格的公共设施：深红色的电话亭、黑色的铁艺坐具、蓝灰色的垃圾桶，它们和斑驳的墙体一起构成了美丽的城市风景，散发出浓郁的文化气息。

城市公共设施设计是物质和精神的统一体，当今时代，它所承载的已远远超出了其物质功能，而是一种贯穿历史、体现时代文化、具有较高审美价值的精神产品，包括文化价值和道德的体现、科技与艺术的结合。

凭借一定的地域文化为背景所进行的城市公共设施设计，常能使人们有更多的机会去了解过去的历史，思考个人与城市的关系，产生特有的地域情结。在公共设施设计中，如果能够将常见的地域文化艺术形式、题材赋予新的内涵予以表现，便容易得到人们普遍的共识与认同，在使用体验中产生情感，转化为公众的审美意趣。如天津意大利风情街的景观及公共环境设施设计，充分考虑了该地域文化的特点，公共环境设施的材料、形式与色彩设计，与整体的意大利建筑风格环境相适应，增强了地域特色（图1－55～图1－57）。

图1-55 江南风韵

图1-56 天津解放南路欧式建筑

图1-57 天津意大利风情街

1.5 公共环境设施在城市中的作用

1.5.1 满足市民生活、社交的需要

城市公共设施的作用和家具是一样的，就是满足城市居民的生活需要，这也是城市公共设施产生的首要原因，功能性是其必须解决的第一问题。城市公共设施在城市空间中承担着休憩、信息引导和服务的功能，满足人们使用需要的同时，又很容易和人发生互动，提升人们的生活兴趣，改善人们的生活质量。

城市公共设施首先为人所感知的，是它直接向人们提供休息、安全防护、便利、遮蔽、界定空间等功能。休息功能体现在：利用城市公共设施可以创造出优美的、轻松的空间氛围，为居民提供良好的休息与交往场所，使空间真正成为一种自由、亲切的生活空间。安全防护功能体现在：一方面利用一些城市公共设施和通过对场所细部构造的处理，可以保护人们避免发生安全事故；另一方面则可以吸引更多的行人活动，增加在空间中的“眼睛”，起到减少犯罪的作用。便利功能体现在：饮水器、邮筒、电话亭、垃圾箱、公厕等城市公共设施，为居民提供各方面的公共服务，因此也是城市社会福利事业中一个不可缺少的部分。遮蔽功能体现在：亭、廊、棚、架、公共汽车站等设施，在空间中对人们起遮风挡雨、避免烈日暴晒的遮蔽作用。界定空间功能体现在：强化那些可能在本空间内发生的活动，界定出公共的、专用的或私密的空间领域；利用路灯、台阶等标志空间的范围、走向，使空间趋于完整和统一。

1.5.2 美化城市、树立独特的城市形象

城市的景观环境在美化城市的过程中起着重要的作用，景观环境中城市公共设施在造景上可起到点缀、陪衬、换景、修景等作用，使空间环境更富有生趣、更舒适优美，并有意境，增加空间的可识性与地域性，同时，兼有装饰和传播文化意义的作用。城市公共设施的存在，为外部空间赋予了积极的内容和意义，丰富和提高了城市景观的品质，改善了人们的生活质量。

城市形象的形成，不仅靠建筑群体、单体来塑造，而且也受景观环境和公共设施影响。公共设施作为一种独特的空间符号，传递着浓郁的城市形象特征信息。布局合理、设计周到的系列城市公共设施，能使居民和游客切身体会到城市建设者和管理者的无微不至的关怀和人性化的服务，从而赋予该城市以与众不同的都市形象和魅力。

城市公共设施作为城市环境景观中重要的组成部分，文化尤为重要，没有文化的城市，是没有活力的城市。文化不仅可以给人以精神上的鼓舞和陶冶，提高审美的享受，也可以调剂人们的情绪，规范人们的日常行为，是精神文明和物质文明的载体。城市公共设施的出现作为一种文化传播的媒介，可以很好地传递城市的文化和精神。审美既在一定的情况下起到愉悦精神、陶冶情操的作用，也是视觉感官的第一印象。城市公共设施的审美功能不仅可以增加生活情趣，还可以体现作者的设计理念和艺术造诣，对普通百姓也可以有审美的促进和培养，有效地激起市民的共鸣和对所在城市的热爱情绪(图1-58、图1-59)。

图1-58、图1-59 天津海河景观设施

1.5.3 衡量城市物质、精神建设先进程度的指标

城市公共设施的存在，为外部空间赋予了积极的内容和意义，丰富和提高了城市景观的品质，城市公共设施的配置在为人们提供有效的户外生活的同时，还体现着一个城市的文化特色、人文精神、经济实力等诸多因素。它不仅是城市环境中的独特组成部分，更重要的是它已经成为城市环境中不可或缺的整体化元素，它与建筑物共同构筑了城市外部空间的形象，反映了一个城市的环境特点，表现了城市的性格与气质，以及城市的经济发展状况和市民精神风貌。城市的公共设施状况是人们对一个城市物质和精神建设优劣的评价标准之一。

2

城市公共环境设施设计的要素

2.1 城市公共环境设施的功能

2.1.1 街道设施的功能分类

一般情况下，根据功能类型来划分街道设施，可以将其分为三类：交通功能型街道设施、生活服务型街道设施、文化艺术型街道设施。

（1）交通功能型街道设施

指街道上主要用于交通组织的街道家具，包括路灯、交通护栏、交通标志、道路标线、候车廊、停车场及无障碍设施等（图2－1）。

图2－1 公交站亭的设计

（2）生活服务型街道设施

指街道上那些为公众提供生活、娱乐等服务的街道家具，它们是城市街道空间舒适与否的保障，如电话亭、公共厕所、垃圾桶、座椅、花坛、问讯亭、导游导购图、绿化设施等（图2－2）。

图2－2 花坛和座椅的设计

（3）文化艺术型街道设施

其主要功能是为人们创造富有文化气息的环境，通常包括书报亭、雕塑、小品、广告、牌匾、地面艺术铺装、装饰照明等（图2－3）。

图2-3 景观灯设计

然而，在实际应用中，根据街道设施类型差异对街道设施进行功能分类有一定的局限，因为今日城市复合型功能街道设施日益增多，交通功能型街道设施和生活服务型街道设施有时合而为一。街道设施功能分类要体现出街道设施的功能价值核心，以及与城市、市民的关系。

2.1.2　街道设施的功能构成

通常认为，街道设施能够直接向所在街区市民提供使用服务、便利服务、安全防护服务和情报服务等，其功能结构包括基本功能、环境功能、装饰功能、附属功能四个层面。

(1) 基本功能

街道设施的基本功能是街道设施功能性和合理性的体现。基本功能是一种必需功能，街道设施通过必须满足的使用基本条件，体现某种实用服务目的。例如，树篦（图2－4）的存在是为了保持有树场地地面的平整、对树的根部进行保护，以及防止水土流失；设置直饮机（图2－5）是方便人们在户外喝水；公交候车亭以满足候车的实际需要为实用目的，其遮雨棚设计是满足候车人避雨这一基本功能。对比之下，以存放投递信件为基本功能的街头邮筒，则无须考虑为行人遮雨的功能。街道设施的基本功能由满足实用目的决定，并基于这种实用目的进行外在形式的变化。

图2－4 北京天安门广场的树篦

图2－5 上海世博会的直饮机

(2) 环境功能

街道设施与其他环境设施的功能结构类似，包含环境功能。这种环境功能是指街道设施能够通过其形态、数量和空间的布置方式等，对所处环境氛围予以补充和强化，能够通过行列或组合形式对车辆、行人等交通空间的划分起到心理诱导与暗示作用（图2-6），能够通过其自身与特定场所的关系体现互动作用。街道设施的环境功能使得其能够充当一种易感性的媒介物。街道设施体现出来的环境功能，显示出街道设施一般具有非物质功能。

图2-6 鸟巢周边的公共座椅、花坛、直饮机等引导人们在广场上的活动和空间划分

（3）装饰功能

装饰功能是街道设施以其形式、形态的构成特性为出发点，对所处环境起烘托和美化作用，它可能由材料和色彩的选用差异体现，或者由细部点缀差异体现。这种装饰功能包含了单纯的艺术处理和有目的的氛围渲染。装饰功能在一般的街道设施设计中占有重要地位，因为情与景的交融能令使用者在使用街道设施时得到美的享受，这也成为街道设施的一种独特的服务性。在满足基本功能的前提下，街道设施的装饰功能能以美的视觉效果烘托使用场所的氛围，缓和生硬的人工物体与自然环境之间的不协调感（图2-7、图2-8）。

图2-7 极具装饰功能的高杆灯
图2-8 具有装饰功能的自行车停车架

（4）附属功能

附属功能指街道设施除基本功能之外，集合了其他多项功能。例如，公交候车亭可以兼具电子广告箱功能，路灯设施除了在夜间照明外还可以作为街道的一

种装饰，交通主干道旁的人行道上设置的垃圾桶能同时兼具分界与警示功能，等等（图2-9、图2-10）。

随着街道设施的功能趋向多元化、复合化，多种附属功能的集合在街道设施设计中十分常见，例如，新出现的移动公共厕所可以同时兼具广告栏、照明路灯和电话亭等附属功能为一体。开发集合多种附属功能的街道设施，可以为解决各街区设施占用空间过大问题发挥积极作用。

从街道设施自身的功能构成可以发现，街道设施与所在街区的职能关系密切。随着城市生活更多更新需求的变化，街道设施自身的功能结构亦随之得到扩充。如，某些街区除了满足通车需要外，还为市民的出行、交往、休闲提供场所，这也就要求街道设施提供更多附属功能——增加对所在街区特色的塑造功能，增加对城市公共空间氛围的调剂功能，增加叙事性主题功能等等。在这一基础上，与城市互动构成了街道设施的功能价值核心，街道设施肩负着塑造街区生活品质的职责，并由此影响城市人文生活特色。

图2-9　具备垃圾桶附属功能的路灯设施

图2-10　集多种附属功能为一体的售货亭

2.2 城市公共环境设施的人机工程

2.2.1 人机工程学

人机工程学，在美国有人称之为人类工程学“human engineering”、人因工程学“human factors (engineering)”；在欧洲有人称之为“ergonomics”、生物工艺学、工程心理学、应用实验心理学以及人体状态学等；日本称之为“人间工学”。我国目前除使用上述名称外，还有译成工效学、宜人学、人体工程学、人机学、运行工程学、机构设备利用学、人机控制学等。人机工程学的命名已经充分体现了该学科是“人体科学”与“工程技术”的结合，实际上，这一学科就是人体科学、环境科学不断向工程科学渗透和交叉的产物，它是以人体科学中的人类学、生物学、心理学、卫生学、解剖学、生物力学、人体测量学等为“一肢”；以环境科学中的环境保护学、环境医学、环境卫生学、环境心理学、环境监测技术等学科为“另一肢”，而以技术科学中的工业设计、工业经济、系统工程、交通工程、企业管理等学科为“躯干”，形象地构成了人机工程学的学科体系。从人机工程学的构成体系来看，它就是一门综合性的边缘学科，其研究的领域是多方面的，可以说与国民经济的各个领域都有密切的关系。

人机工程学中最为基本的就是GB10000－88中所记录的人体尺寸，国标中记录的人体尺寸只是人的最基本尺寸。

对于公共环境设施设计，主要涉及人体尺寸应该是人在户外的各种静止姿态和各种动作的尺寸，这些尺寸可以类比家具设计的尺寸和景观环境设计的空间尺寸。

2.2.2 城市环境与环境行为学

（1）城市环境

城市环境是人类利用和改造环境而创造出来的高度人工化的生存环境。城市有现代化的工业、建筑、交通、运输、通讯联系、文化娱乐设施及其他服务行业，为居民的物质和精神生活创造了优越条件。但是城市人口密集，工厂林立，交通阻塞，使环境遭受严重的污染和破坏。

城市环境是与城市整体互相关联的人文条件和自然条件的总和，包括社会环境和自然环境。前者由经济、政治、文化、历史、人口、民族、行为等基本要素构成；后者包括地质、地貌、水文、气候、动植物、土壤等诸要素。城市形成、发展和布局一方面得利于城市环境条件，另一方面也受所在地域环境的制约。城市的不合理发展和过度膨胀会导致地域环境和城市内部环境的恶化。城市环境质量的好坏直接影响城市居民的生产和生活活动。城市环境也是城市地理和城市规划学研究的主要内容之一。

（2）环境心理学

环境心理学是研究环境与人的心理和行为之间关系的一个应用社会心理学领域，又称人类生态学或生态心理学。这里所说的环境虽然也包括社会环境，但主要是指物理环境，包括噪音、拥挤、空气质量、温度、建筑设计、个人空间等等。

环境心理学是从工程心理学或工效学发展而来的。工程心理学是研究人与工作、人与工具之间的关系，把这种关系推而广之，即成为人与环境之间的关系。

环境心理学之所以成为社会心理学的一个应用研究领域，是因为社会心理学研究社会环境中的人的行为，而从系统论的观点看，自然环境和社会环境是统一的，二者都对行为发生重要影响。虽然有关环境的研究很早就引起人们的重视，但环境心理学发展为一门学科还是20世纪60年代以后的事情。

（3）人的环境行为

公共环境与人们行为的结合构成了行为场所。创造人性化行为场所，必须要有聚集人气的合理的小空间，必须要有必备的设施以便于为人的活动和日常的行为提供必要的条件，做到“人尽其兴、物尽其用”。无论是自我存在的独处行为还是公共交往的社会行为，都具有社会为背景的秘密性与公共性的双重品格。人在空间的行为有总的目标导向，但因活动的内容及目的不同，而呈现出规律性、不定性、随机性等复杂现象。

人们的户外活动可以划分为三种类型：必要性活动、选择性活动和社交性活动，每一种活动类型对于物质环境的要求都大不相同。

必要性活动就是人们在不同程度上都参与的不由自主的活动，具有功能目的行为，日常生活与生活事务属于这一类，如上学、上班、文体活动、购物、候车等活动。

选择性活动是指人们有参与的意愿，并且在时间、地点可能的情况下才会产生的活动。这类活动包括散步、观望、休息等，没有固定的目标、线路、次序、时间的限制，具有随机性。这类活动有赖于外部的物质条件。

社交性活动是在公共环境中有赖于他人参与的活动，形式多样，如游戏、交谈。可发生各种环境场所中，如公园、游乐园。

这三种类型的活动决定了人们在公共环境场所所需的不同空间，因此这些活动场所配置不同的设施、规划不同的设置。以此来吸引人，满足不同人的不同活动的需求。

（4）公共环境设施设计的环境准则

美国景观学家克莱尔·库珀·马库斯、卡罗琳－弗朗西斯的《人性场所》一书中，就成功的人性场所作出以下几点评判的标准。这些标准同样适应公共设施的规划与设计要求。现摘录如下：

①位置应在潜在使用者易于接近并能看到的位置。

②明确地传达该场所可以被使用、该场所就是为了让人使用的信息。

③空间的内部和外部都应美观，具有吸引力。

④配置各类设施以满足最有可能使用人群活动的需求。

⑤使未来的使用者有保障感和安全感。

⑥有利于使用者的身体健康和情绪安宁。

⑦尽量满足最有可能使用该场所群体的需求。

⑧鼓励不同群体的使用，并保证一个群体的活动不会干扰其他群体的活动。

⑨在高峰使用时段，考虑到日照、遮阳、风力等因素，使场所在使用高峰时段仍保证环境中人生理上的舒适。

⑩让儿童和残疾人也能使用。

⑪融入一些使用者可以控制或改变的要素(如托儿所的沙堆、城市广场中心互动雕塑喷泉、儿童游乐设施参与游戏)。

⑫把空间用于某种特殊的活动，或在一定时间内让个人拥有空间。让使用者无论是个人还是团体的成员，都享有依恋并照管该空间的权力。

⑬维护应简单、经济，控制在各空间类型的一般限度之内。

⑭在设计中，对于视觉艺术表达和社会环境要求应给予相同的关注。过于重视一方面而忽视了另一方面，会造成失衡的或不健康的空间。一切行为都来自于人的自身需求，所以就要有一个好的场所效应。

2.2.3 空间尺度与形态

人们之间的多种距离关系决定了人们的交往程度，最终决定了公共环境设施及其空间尺度的布局，也决定了公共环境设施本身的尺度。大型空间应划分为许多小空间以方便人们的使用。没有植物的公共环境设施，人们不是很愿意去。通常情况下，人们更喜欢围合而又暴露的空间。人们的休息与环境有关，广场便捷的丰富性为人们提供了良好的休息空间。一个令人愉悦的空间是因为它的尺度、形状与使用者的目的相一致。空间可以是内向的、外向的、上升的、下降的、辐射的。空间是有性格的。不同的空间尺度、形态色彩给人们不同的感受，引发人们不同的反应。不同的空间尺度影响着人们的行为与情感，如紧张、松弛、快乐、沉思、兴奋、精致、崇高、渺小等感受。利用空间、规划空间，为人设计人性化的空间尺度和公共环境设施是必须的。

要想创造有效的空间，必须有明确的围合，而且围合的尺度、形状、特征决定了空间的性质。人的交往距离的空间尺度一般可分为以下几种：

①亲密距离：相距0～0.45m，是一种表达温柔、舒适、爱抚以及激愤等强烈感情的距离。

②个人距离：相距0.45～1.30m，是亲朋好友或家庭成员之间谈话等活动的距离，但同时保留个人空间。

③社会距离：相距1.30～3.75m，是朋友、熟人、同事之间进行日常交流谈话的距离。

④公共距离：大于3.75m以上的距离，是一种单向交流的距离。适用于讲演、集会、讲课等场所，或者人们只愿意旁观而无意参与的场所。这种距离决定了人们的交往距离，也是空间或设施规划的设计与布局的依据。

例如外部空间模数把25m作为外部空间的基本模数尺度，25m内能看清对面物体的形象。高速公路的汽车快速行驶时看不清路牌指示的方向，所以指示牌、看板的设计就要加大尺度，减少细部的小文字；而步行街的行人由于行走速度慢，空间尺度相对小些，所以版面设计要相对丰富些，信息量要大些。人们所获得的信息细节和印象多在每小时15公里速度以下，速度越慢所获得的视觉信息越小。同时也应注意人们之间的亲密程度，亲密程度决定了个人空间尺度的大小。个人空间也是相对的，不同的场所、不同的民族、不同的文化背景、不同的年龄的个人空间也不一样。空间的功能具有信息的空间、行走的空间、视听的空间、游戏的空间、使用的空间，同时人在空间中的需求又具有公共性、私密性。

①公共性：指公共空间人的思想、情感、信息等的人际交流活动。如儿童游乐园、公园、休闲场所等有较强的公共性。

②私密性：私密性是相对于公共性而言的，是个人空间的基本要求。空间的私密性是设施设计的一个重点要求，在设施设计公共性的前提下，应兼顾私密性的特点，满足人们的需要。

2.3 城市公共环境设施的无障碍设计

2.3.1 无障碍设计

无障碍设计（barrier-free design）这个概念始见于1974年，是联合国组织提出的设计新主张。无障碍设计强调在科学技术高度发展的现代社会，一切有关人类衣食住行的公共空间环境以及各类建筑设施、设备的规划设计，都必须充分考虑具有不同程度生理伤残缺陷者和正常活动能力衰退者（如残疾人、老年人）的使用需求，配备能够应答、满足这些需求的服务功能与装置，营造一个充满爱与关怀，切实保障人类安全、方便、舒适的现代生活环境。

无障碍设计首先在都市建筑、交通、公共环境设施设备以及指示系统中得以体现，例如步行道上为盲人铺设的走道、触觉指示地图，为乘坐轮椅者专设的卫生间、公用电话、兼有视听双重操作向导的银行自助存取款机等，进而扩展到工作、生活、娱乐中使用的各种器具。二十余年来，这一设计主张从关爱人类弱势群体的视点出发，以更高层次的理想目标推动着设计的发展与进步，使人类创造的产品更趋于合理、亲切、人性化。

无障碍设计的理想目标是“无障碍”。基于对人类行为、意识与动作反应的细致研究，致力于优化一切为人所用的物与环境的设计，在使用操作界面上清除那些让使用者感到困惑、困难的“障碍”（barrier），为使用者提供最大可能的方便，这就是无障碍设计的基本思想。

无障碍设计关注、重视残疾人、老年人的特殊需求，但它并非只是专为残疾人、老年人群体的设计。它着力于开发人类“共用”的产品——能够应答、满足所有使用者需求的产品。

美国北卡罗来纳州立大学(North Carolina State University)以Ron Mace教授为首，在1995年针对Universal Design的设计指针提出7原则。7原则是目前最具代表性的设计指针(本书以1997年修订公布的内容为准)。

（1）原则1：平等的使用方式（equitable use）

不区分特定使用族群与对象，提供一致而平等的使用方式。

①对所有使用者提供完全相同的使用方法，若无法达成时，也尽可能提供类似或平等的使用方法。

②避免使用者产生区隔感及挫折感。

③对所有使用者平等地提供隐私、保护及安全感。

④是吸引使用者的有魅力的设计。

（2）原则2：具通融性的使用方式（flexibility in use）

指对应使用者多样喜好的能力。

①提供多元化的使用选择。

②提供左右手皆可以使用的机会。

③帮助使用者正确操作。

④提供使用者合理通融的操作空间。

（3）原则3：简单易懂的操作设计（simple and intuitive use）

不论使用者的经验、知识、语言能力、集中力等因素水平高低，皆可容易地操作。

①去除不必要的复杂性。

②使用者的期待与直觉必须一致。

③不因使用者的理解力及语言能力不同而形成困扰。

④根据资讯的重要性来安排。

⑤能有效提供在使用中或使用后的操作回馈说明。

（4）原则4：迅速理解必要的资讯（perceptible information）

与使用者的使用状况、视觉、听觉等感觉能力无关，必要的资讯可以迅速而有效率地传达。

①以视觉、听觉、触觉等多元化的手法传达必要的资讯。

②在可能的范围内提高必要资讯的可读性。

③对于资讯的内容、方法加以整理区分说明(提供更容易的方向指示及使用说明)。

④透过辅具帮助视觉、听觉等方面有障碍的使用者获得必要的资讯。

（5）原则5：容错的设计考量（tolerance for error）

不会因错误的使用或无意识的行动而造成危险。

①让危险及错误降至最低，使用频繁部分是容易操作、具保护性且远离危险的设计。

②操作错误时提供危险或错误的警示说明。

③即使操作错误也具安全性（fail safe）。

④注意必要的操作方式设计，避免诱发无意识的操作。

(6) 原则6：有效率的轻松操作 (low physical effort)

有效率、轻松又不易疲劳的操作使用。

①使用者可以用自然的姿势操作。

②使用合理力量的操作。

③减少重复的动作。

④减少长时间的使用对身体的负担。

(7) 原则7：规划合理的尺寸与空间 (size and space for approach and use)

提供无论体格、姿势、移动能力如何，都可以轻松地接近、操作的空间。

①保证使用者不论采取站姿或坐姿，视觉讯息都显而易见。

②保证使用者不论采取站姿或坐姿，都可以舒适地操作使用。

③对应手部及握拳尺寸的个人差异。

④提供足够空间给辅具使用者及协助者。

图2-11 电话亭的设计

图2-12 考虑高矮因素的直饮机设计

图2-13 无障碍公共厕所同普通厕所的入口区别

2.3.2 公共环境设施中的无障碍设计

公共环境设施中涉及无障碍设计的产品都应该按照前述无障碍设计的原则来考虑，必须使公共环境设施的设计体现对所有人的关爱。

如公共电话的投币孔、插卡口、显示屏距地面不应高于1.2m，电话里装有电感线圈，从话筒到电话机的线不应短于0.75m，拨号按键应是大号的，公用电话前面0.3m长、0.8m宽的地方不应有任何不方便电话使用者的障碍物（图2-11）。

阻车柱位于人行道与车行道的交界线上，阻车柱的高度不应底于1m，柱间距不应少于0.9m，但最好不大于车距1.8m，以保护行人免遭车碰。阻车柱以直的为好，不应有附加物在柱体上。

自助系统如自助取款机、自动售卖机的投币口、插卡口、出货口等的位置应设置在坐轮椅者伸手可及的地方，机器显示屏的中心高度应适应轮椅使用者的视觉要求，显示屏中心距地面不超过1.2m，直饮机的高矮设计亦参照一定的标准（图2-12）。

公厕应设有带扶手的坐式便器，门隔断应做成外开式或推拉式，以方便轮椅进入（图2-13）。

2.4　城市公共环境设施的材料与工艺

2.4.1　金属

(1) 金属材料的概念

图2-14 金属材料

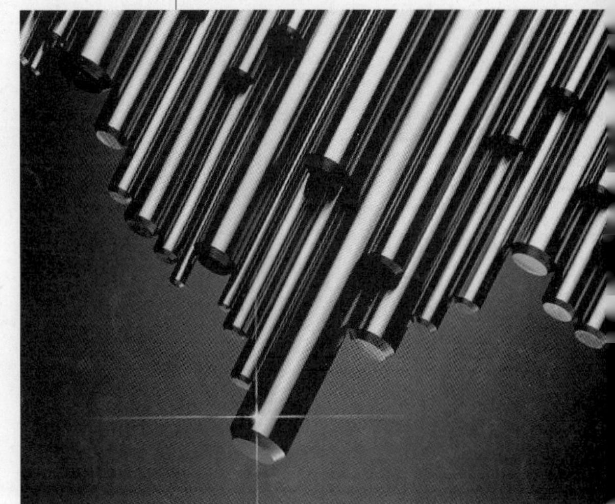

金属材料即金属元素或以金属元素为主构成的具有金属特性的材料的统称（图2-14）。包括纯金属、合金、金属间化合物和特种金属材料等［注：金属氧化物（如氧化铝）不属于金属材料］。金属材料通常分为黑色金属、有色金属和特种金属材料。

①黑色金属又称钢铁材料，包括含铁90%以上的工业纯铁，含碳2%～4%的铸铁，含碳小于2%的碳钢，以及各种用途的结构钢、不锈钢、耐热钢、高温合金、不锈钢、精密合金等。广义的黑色金属还包括铬、锰及其合金。

②有色金属是指除铁、铬、锰以外的所有金属及其合金，通常分为轻金属、重金属、贵金属、半金属、稀有金属和稀土金属等。有色合金的强度和硬度一般比纯金属高，并且电阻大、电阻温度系数小。

③特种金属材料包括不同用途的结构金属材料和功能金属材料。其中有通过快速冷凝工艺获得的非晶态金属材料，以及准晶、微晶、纳米晶金属材料等；还有隐身、抗氢、超导、形状记忆、耐磨、减振阻尼等特殊功能合金，以及金属基复合材料等。

(2) 金属材料的工艺性能

①切削加工性能：反映用切削工具（例如车削、铣削、刨削、磨削等）对金属材料进行切削加工的难易程度。

②可锻性：反映金属材料在压力加工过程中成形的难易程度，例如将材料加热到一定温度时其塑性的高低（表现为塑性变形抗力的大小），允许热压力加工的温度范围大小，热胀冷缩特性以及与显微组织、机械性能有关的临界变形的界限，热变形时金属的流动性、导热性能等。

③可铸性：反映金属材料熔化浇铸成为铸件的难易程度，表现为熔化状态时的流动性、吸气性、氧化性、熔点，铸件显微组织的均匀性、致密性，以及冷缩

率等。

④可焊性：反映金属材料在局部快速加热，使结合部位迅速熔化或半熔化（需加压），从而使结合部位牢固地结合在一起而成为整体的难易程度，表现为熔点、熔化时的吸气性、氧化性、导热性、热胀冷缩特性、塑性以及与接缝部位和附近用材显微组织的相关性、对机械性能的影响等。

（3）金属材料在公共环境设施中的应用

金属具有优越的表现力，因而广泛为环境设施设计采用，具有冰冷、贵重的特点。可根据需要做成各种造型，塑造不同的视觉效果，提高设计品质（图2－15、图2－16）。

图2－15、图2－16　金属材料在公共环境设施中的应用

2.4.2 塑料

（1）塑料的概念

所谓塑料，其实是合成树脂中的一种，形状跟天然树脂中的松树脂相似，但因经过化学的力量来合成，而被称为塑料。塑料的主要成分是合成树脂。树脂这一名词最初是因其系动植物分泌出的脂质而得名，如松香、虫胶等，目前树脂是指尚未和各种添加剂混合的高聚物。树脂占塑料总重量的40%～100%。塑料的基本性能主要取决于树脂的本性，但添加剂也起着重要作用。有些塑料基本上是由合成树脂所组成，不含或少含添加剂，如有机玻璃、聚苯乙烯等。

（2）塑料的成形工艺

塑料的成形加工是指由合成树脂的聚合物制成塑料制品的过程。加工方法（通常称为塑料的一次加工）包括压塑（模压成形）、挤塑（挤出成形）、注塑（注射成形）、吹塑（中空成形）、压延、发泡等。

①压塑：压塑也称模压成形或压制成形，压塑主要用于酚醛树脂、脲醛树脂、不饱和聚酯树脂等热固性塑料的成形。

②挤塑：挤塑又称挤出成形，是使用挤塑机（挤出机）将加热的树脂连续通过模具，挤出所需形状的制品的方法。挤塑有时也用于热固性塑料的成形，并可用于泡沫塑料的成形。挤塑的优点是可挤出各种形状的制品，生产效率高，可自动化、连续化生产；缺点是热固性塑料不能广泛采用此法加工，制品尺寸容易产生偏差。

③注塑：注塑又称注射成形。注塑是使用注塑机（或称注射机）将热塑性塑料熔体在高压下注入到模具内经冷却、固化获得产品的方法。注塑也能用于热固性塑料及泡沫塑料的成形。注塑的优点是生产速度快、效率高，操作可自动化，能成形形状复杂的零件，特别适合大量生产。缺点是设备及模具成本高，注塑机清理较困难等。

④吹塑：吹塑又称中空吹塑或中空成形。吹塑是借助压缩空气的压力使闭合在模具中的热的树脂型坯吹胀为空心制品的一种方法，吹塑包括吹塑薄膜及吹塑中空制品两种方法。用吹塑法可生产薄膜制品、各种瓶壶类容器及儿童玩具等。

⑤压延：压延是将树脂中各种添加剂经预期处理（捏合、过滤等）后通过压延机的两个或多个转向相反的压延辊的间隙加工成薄膜或片材，随后从压延机辊筒上剥离下来，再经冷却定型的一种成形方法。压延主要用于聚氯乙烯树脂的成形，能制造薄膜、片材、板材、人造革、地板砖等制品。

⑥发泡：发泡又称发泡成形，即发泡材料（PVC、PE和PS等）中加入适当的

发泡剂，使塑料产生微孔结构的过程。几乎所有的热固性和热塑性塑料都能制成泡沫塑料。按泡孔结构分为开孔泡沫塑料（绝大多数气孔互相连通）和闭孔泡沫塑料（绝大多数气孔是互相分隔的），这主要是由制造方法（分为化学发泡、物理发泡和机械发泡）决定的。

（3）塑料材料在公共环境设施中的应用

塑料是人造合成物的代表，由于不易碎裂，加工又比较方便，已逐渐被广泛运用（图2－17）。塑料可以按照预先的设计，制作成各种造型，这是其他材料无法比拟的。塑料具有特有的人情味和很强的时代性，传达着工业文化的信息。同时具有很好的防水性，是可以大量用于公共环境设施设计的一种材料。缺点就是容易老化和褪色，不过随着塑料加工技术的改进，这方面已经得到很大的改善。

图2－17　塑料材料在公共环境设施中的应用

2.4.3　石材

（1）石材的概念

石材作为一种高档建筑装饰材料，多数人对其种类、性能都不甚了解。目前市场上常见的石材主要有大理石、花岗岩、水磨石、合成石四种，其中，大理石中又以汉白玉为上品；花岗岩比大理石坚硬；水磨石是以水泥、混凝土等原料锻压而成；合成石是以天然石的碎石为原料，加上黏合剂等经加压、抛光而成。后两者因为是人工制成的，所以强度没有天然石材高。

（2）石材的加工工艺与特点

天然石材是指从天然岩体中开采出来，并加工成块状或板状材料的总称。天然石材的主要优点是：

①蕴藏丰富，分布很广，便于就地取材。

②石材结构致密，抗压强度高，大部分石材的抗压强度可达100MPa以上。

③耐水性好。

④耐磨性好。

⑤装饰性好。石材具有纹理自然、质感厚重、庄严雄伟的艺术效果。

⑥耐久性好，使用年限可达百年以上。

天然石材主要的缺点是：质地坚硬，加工困难，自重大，开采和运输不方便。极个别石材可能含有放射性，应该进行必要的检测。

人造大理石又称为“塑料混凝土”，是一种新型的建筑装饰材料。人造石材是以不饱和聚酯树脂为黏结剂，配以天然大理石或方解石、白云石、硅砂、玻璃粉等无机物粉料，以及适量的阻燃剂、颜料等，经混合、瓷铸、振动压缩、挤压等方法成形固化制成的（图2－18）。与天然石材相比，人造石具有色彩艳丽、光洁度高、颜色均匀一致、抗压耐磨、韧性好、结构致密、坚固耐用、比重轻、不吸水、耐侵蚀风化、色差小、不褪色、放射性低等优点。人造石具有资源综合利用的优势，在环保节能方面具有不可低估的作用，也是名副其实的建材绿色环保产品，已成为现代建筑首选的饰面材料。

图2－18　人造石截面

（3）石材在公共环境设施中的应用

由于石材不容易腐蚀，且比较坚硬，在环境设施设计中使用最为广泛（图2－19）。不同的石材具有不同的表情，一般具有厚重、冷静的表情特征，通常可以起到烘托与陪衬其他材质的作用。石材的纹理具有自然美感，可以进行切割，产生各种丰富的造型和瓶贴效果。

图2－19　石材材料在公共环境设施中的应用

2.4.4 木材

(1) 木材的概念

木材是能够次级生长的植物，如乔木和灌木（图2-20）。这些植物在初生生长结束后，根茎中的维管形成层开始活动，向外发展出韧皮，向内发展出木材。木材是维管形成层向内发展出植物组织的统称，包括木质部和薄壁射线。木材对于人类生活起着很大的支持作用。根据木材不同的性质特征，人们将它们用于不同途径。

图2-20 原木

木材可分为针叶树材和阔叶树材两大类。各种杉木及松木是针叶树材；柞木、水曲柳、香樟、檫木及各种桦木、楠木和杨木等是阔叶树材。中国树种很多，因此各地区常用于工程的木材树种亦各异。东北地区主要有红松、落叶松(黄花松)、鱼鳞云杉、红皮云杉、水曲柳；长江流域主要有杉木、马尾松；西南、西北地区主要有冷杉、云杉、铁杉。

图2-21 木材材料在公共环境设施中的应用

(2) 木材的加工处理

除直接使用原木外，木材都加工成板方材或其他制品。为减少木材使用中发生的变形和开裂现象，通常板方材须经自然干燥或人工干燥。自然干燥是将木材堆垛进行气干。人工干燥主要用干燥窑法，亦可用简易的烘、烤方法。干燥窑是一种装有循环空气设备的干燥室，能调节和控制空气的温度和湿度。经干燥窑干燥的木材质量好，含水率可达10%以下。使用中易于腐朽的木材应事先进行防腐处理。用胶合的方法能将板材胶合成为大构件，用于木结构、木桩等。木材还可加工成胶合板、碎木板、纤维板等。

在古建筑中木材广泛应用于寺庙、宫殿、寺塔以及民房建筑中。中国现存的古建筑，最著名的有：山西五台山佛光寺东大殿，建于公元857年；山西应县木塔，建于公元1056年，高达67.31米。在现代土木建筑中，木材主要用于建筑木结构、木桥、模板、电杆、枕木、门窗、家具、建筑装修等。

(3) 木材在公共环境设施设计中的应用

木材是公共环境设施使用较为广泛的材料，它的可操作性是其他材料无法比拟的，并具有易拆除、易拼装的特点，木材除了加工方便外，本身还具有很强的自然气息，容易融入和软化环境，具有一定的符号特征（图2-21）。由于木材是比较暖性的材质，适合于制作成座椅等与人体直接接触的环境设施，但是由于公共环境设施是放置于户外的，木材需要做防腐处理。

2.4.5 混凝土

（1）混凝土的概念

混凝土是当代最主要的土木工程材料之一。它是由胶结材料、集料、骨料和水按一定比例配制，经搅拌振捣，在一定条件下养护而成的（图2−22）。混凝土具有原料丰富、价格低廉、生产工艺简单的特点，因而其用量越来越大；同时混凝土还具有抗压强度高、耐久性好、强度等级范围宽的特点，其使用范围十分广泛。混凝土不仅在各种土木工程中使用，而且在造船业、机械工业、海洋开发、地热工程中也是重要的材料。

图2−22 不同类型的混凝土

（2）混凝土的性能

①和易性。是混凝土拌和物最重要的性能。它综合表示拌合物的稠度、流动性、可塑性、抗分层离析泌水的性能及易抹面性等。测定和表示拌和物和易性的方法和指标很多，中国主要采用截锥坍落筒测定的坍落度(毫米)及用维勃仪测定的维勃时间(秒)，作为稠度的主要指标。

②强度。是混凝土硬化后的最重要的力学性能，是指混凝土抵抗压、拉、弯、剪等应力的能力。水灰比，水泥品种和用量，集料的品种和用量，以及搅拌、成形、养护的工艺，都直接影响混凝土的强度。混凝土按标准抗压强度(以边长150mm的立方体为标准试件，在标准养护条件下养护28天，按照标准试验方法测得的具有95％保证率的立方体抗压强度）划分的强度等级，称为标号，分为C10、C15、C20、C25等。混凝土的抗拉强度仅为其抗压强度的1/8～1/13。提高混凝土抗拉、抗压强度的比值是混凝土性能改进的重要方面。

③变形。混凝土在荷载或温湿度作用下会产生变形，主要包括弹性变形、塑性变形、收缩和温度变形等。混凝土在短期荷载作用下的弹性变形主要用弹性模量表示。在长期荷载作用下，应力不变，应变持续增加的现象称为徐变；应变不变，应力持续减少的现象称为松弛；由于水泥水化、水泥石的碳化和失水等原因产生的体积变形，称为收缩。

④耐久性。在一般情况下，混凝土具有良好的耐久性。但在寒冷地区，特别是在水位变化的工程部位以及在饱水状态下受到频繁的冻融交替作用时，混凝土易损坏。为此对混凝土要有一定的抗冻性要求。用于不透水的工程时，要求混凝土具有良好的抗渗性和耐蚀性。抗渗性、抗冻性、耐蚀性为混凝土的耐久性。

（3）混凝土在公共环境设施中的应用

混凝土最大的特点就是安全性、耐久性，可以保证公共环境设施的安全和持久。但是其较大的缺点就是笨重、移动不便以及冰冷。

所以混凝土的应用为了达到良好的效果，一般需要和其他材料进行结合使用，才能设计出很好的公共环境设施。适合做大而敦实的公共环境设施，而不适合做灵巧、纤细的公共环境设施。如图2-23、图2-24所示，混凝土制作的公共环境设施一般都是座椅、路障等厚实的公共环境设施。

图2-23、图2-24 混凝土材料在公共环境设施中的应用

2.4.6 玻璃

（1）玻璃的概念

中国古代亦称琉璃，是一种透明、强度及硬度颇高、不透气的物料。玻璃在日常环境中呈化学惰性，亦不会与生物起作用，故此用途非常广泛。玻璃一般不溶于酸（例外：氢氟酸与玻璃反应生成SiF_4，从而导致玻璃腐蚀）；但溶于强碱，例如氢氧化铯。玻璃是一种非晶形过冷液体，它在常温下是固体，是一种易碎的物质，硬度为摩氏6.5。

（2）玻璃的工艺与特性

玻璃生产工艺主要包括：

①原料预加工。将块状原料（石英砂、纯碱、石灰石、长石等）粉碎，使潮湿原料干燥，将含铁原料进行除铁处理，以保证玻璃质量。

②配合料制备。

③熔制。玻璃配合料在池窑或坩埚窑内进行高温（1550～1600℃）加热，使之形成均匀且无气泡，并符合成形要求的液态玻璃。

④成形。将液态玻璃加工成所要求形状的制品，如平板、各种器皿等。

⑤热处理。通过退火、淬火等工艺，消除或产生玻璃内部的应力、分相或晶化，以及改变玻璃的结构状态。

普通玻璃有以下特性：

①良好的透视、透光性能（3mm、5mm厚的净片玻璃的可见光透射比分别为87%和84%）。对太阳光中近红外热射线的透过率较高，但对可见光折射至室内墙顶地面和家具、织物而反射产生的远红外长波热射线却有效阻挡，故可产生明显的“暖房效应”。净片玻璃对太阳光中紫外线的透过率较低。

②隔音，有一定的保温性能。

③抗拉强度远小于抗压强度，是典型的脆性材料。

④有较高的化学稳定性。通常情况下，对酸碱盐及化学试剂和气体都有较强的抵抗能力，但长期遭受侵蚀性介质的作用也能导致变质和破坏，如玻璃的风化和发霉都会导致其外观破坏和透光性能降低。

⑤热稳定性较差，急冷急热易发生炸裂。

（3）玻璃在公共环境设施中的应用

玻璃对光有较强的反射、折射性，这是玻璃有别于其他材质的根本之处。在具体的设计中，可以利用这一特殊的质感进行设计，增加独特的视觉效果。除此之外，玻璃还具有很好的硬度、易清洁等特点，这一点也很适合公共环境设施的户外特点。但是玻璃最大的缺点就是易碎，这一特点使得玻璃在户外环境中的利用受到限制。不过随着近年来玻璃性能的不断改善与提升，这一缺点已经在很大

图2-25 玻璃材料在公共环境设施中的应用

程度上得到改善。

另外一点就是玻璃具有非常好的可视性，可以减少公共环境设施对周边景观环境的干扰。这一特性使其广泛用于公交站亭、电话亭等较大型的公共环境设施中（图2-25）。

2.5 城市公共环境设施的文化

城市文化是一种地域形态的组织文化，是一定自然与人文历史背景下，创造出来的物质的、精神的、制度的和其他多种文化遗存的多种形态特质所构成的复合体。文化品牌是城市文化软实力的重要内容和主要指标，城市竞争在一定程度上是文化品牌的竞争，必须把塑造和创建文化品牌作为一个战略举措来认识、来实施。对于城市文化品牌的建设是对城市品牌建设的一个内涵的建设。一个城市不论是否是历史城市，都应该有自己的文化，文化是城市竞争的软实力，是城市文明和进步的象征。在城市景观形象中强化城市文化品牌，主要是从城市景观的内涵提升做起，在城市景观形象建设中注重文化内涵的提升，不但强化城市文化品牌，更提升了城市景观形象的内涵。

城市景观是人们通过视觉看到的城市各构成要素的外部形态特征，是由街道、广场、建筑群、小区、桥梁等物体所共同构成的视觉图像，是城市中局部和片断的外观，是城市的视觉形象。城市景观形象又是一个城市文化的外显，城市文化涵盖物质文明、精神文明、政治文明三个领域，包括政治、经济、文化、生态以及市容市貌、市民素质、社会秩序、历史文化等诸多方面。城市文化建设是城市现代化过程中继生产建设、公共设施建设之后迎来的城市发展的更高阶段，是城市品牌化的过程。而街道家具如同摆在城市中的家具，是城市中跟人接触最近的一类产品，是从人与其接触和使用中体现城市的文化和城市的景观形象的，因此，对城市街道家具的研究，不能不研究城市的景观形象和城市文化。

3

城市公共环境设施设计原则与程序

3.1 设计的一般程序

规范有效的设计程序和正确的方法是设计取得成功的基本保证。因此，世界著名企业都将此作为企业设计部门的设计管理的重要内容，并作为设计人员必须掌握的基本技能和方法。

技术、设计方法是伴随着人们生活方式演变的生产力水平的发展而形成和逐步完善的。进入工业社会之后，产品生产改变了手工制作的方式，设计真正成为独立的生产环节。产品的生产从工业社会之前的“需求→造构”的简单模式演变为“需求→设计→实验→改进→产品反馈→再设计”的复杂过程。进入信息化社会之后，迅速发展的信息技术又继续冲击着工业化方式的生产过程，将研究开发的重要性进一步突出到设计的中心位置上来，设计方法继续产生新的变化。

所谓设计方法一般包括计划、调查、分析、构想、表达、评价等诸多手法的掌握和应用。计划，就是从长远的观点出发，全面规划对工业产品的设计；调查，即把握各种现状中存在的问题和需求，依此而进行比较、分析和对设计目标的论证；构想，即构思、想象；表达，即用各种文字的和图形的、模拟的手法将设想付诸实体方案；评价，即将设计的误差降至最低点而采取的评估、比较、批评和发现的有效手段。

设计程序是广大设计人员在长期的开发设计过程中不断总结完成，并随着时代的发展而不断赋予新的内容。设计程序随不同的国家、不同的企业和个人的情况而不尽相同。

具体实施产品设计，必须由正确的设计程序来保证。目前，世界上的设计程序有德国的逻辑性设计法和英美的创造性设计法两种倾向。尽管各有特色，但本质是相同的。

设计一般分概念设计、方式设计和款式设计三种模式。一般是先进行概念设计，即发挥设计师的想象力，从概念出发来进行设计。接着是方式设计，其重点是利用已有的技术设计出适应新的生活方式、使用方式的产品。最后是款式设计，即在现有生产技术和材料的条件下进行改良设计。这是一套由远及近、由创新概念到与实际相结合的创新设计程序。

工业设计的具体步骤还因企业和产品的不同而异。综合各种方法，其具体步骤主要分为设计准备阶段、设计展开阶段和商品化阶段，大体如下表3－1所示。

表3–1 设计程序

阶段	设计程序	内　　容
设计准备阶段	设定目标	①调研立项(消费者的反映、市场信息、生活研究等) ②收集资料(需求市场的分析预测、历史与现状分析、竞争对手分析、问题分析等) ③确定设计任务(制定设计目标，确定性能、价格、成本、目标市场，安排生产、营销、广告宣传等) ④最终定案(新产品设计条件、要求和目标等)
设计展开阶段	构思展开	①构思、设想、创意(构想概念草图、效果图、初步的设计方案、模型等) ②方案选择、初审
	方案评估	①分析方案(功能、款式设计、人机因素、生产条件分析、技术经济、社会需求、综合评估等) ②试验(模型试验、技术试验、销售试验、民意测验等)
	设计定型	绘制最终效果图、编写说明书、制作定型模型等
商品化阶段	生产定型	绘制生产图、装配图、零件加工图，编写生产说明书，组织生产并进一步验证设计
	商品促销	组织试销，申请专利，按反馈的需求信息进一步修改设计，以实现适销对路

不同领域、不同企业和不同产品，其设计方法各不相同，要视具体情况而定。图3－1为一个较为具体的工业设计程序。

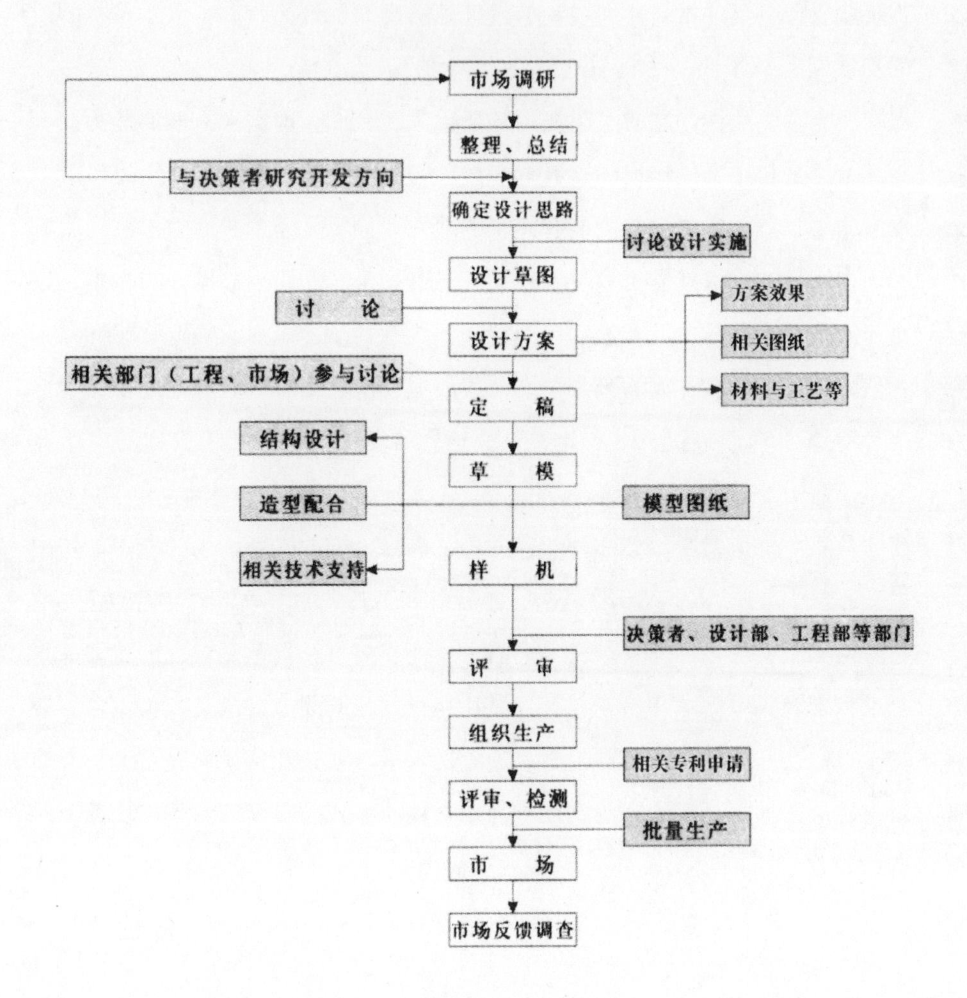

图3–1　具体的工业设计程序

从图3－1可以看出，设计主要由“创造—表现—评价”三大要素和图画、图纸与立体实物（模型等）三种技法在设计程序的各个阶段中适当地组合、展开，从整体到局部、从粗到细逐步深入进行。从宏观分析到实施设计，设计程序主要分为三个大的阶段：

①规划、调查，确定方针阶段。

②开发，主要设计展开阶段。

③详细决定，实施投产和投放市场的阶段。

3.2 公共环境设施的设计原则

（1）功能性原则

功能性原则主要是指公共环境设施设计中的功能是最为基础、必不可少的。产品的功能既包括了产品的物质功能，也包括了产品的精神功能。

物质功能主要是指产品的实际使用功能，满足人们生理需求方面的能力。人在空间环境中是起主导性作用的，人的习惯、行为特点等都决定了对空间环境、公共设施的要求，如人累了就需要有休息的地方，渴了就需要有能喝水或喝饮料的场所，使用后的垃圾就需要有垃圾箱等。在进行公共环境设施设计的时候，应认真研究人们在户外的生活方式和行为特征，注意其活动规律。根据这些特点，采用合理的分级结构和宜人的尺度，使公共环境设施在使用时的舒适度、便利性和安全性等方面真正做到“以人为本”。这样才能实现公共环境设施的实际价值，有利于提升整个空间环境的质量。

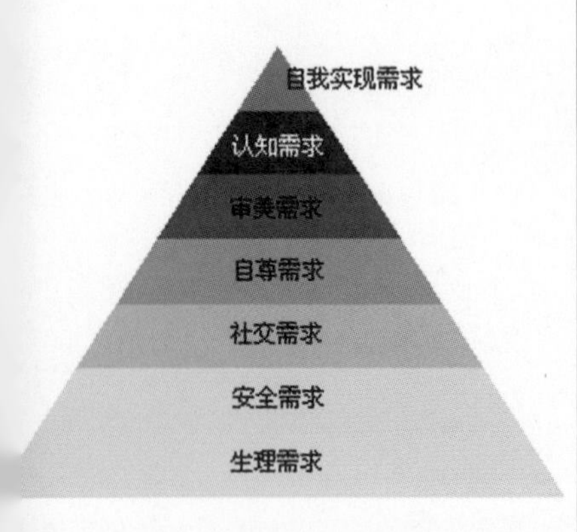

图3－2 人类的七种需求

精神功能主要是指产品心理功能等方面，满足人们的心理需求的能力。美国人本主义心理学家A．B．马斯洛在1943年就研究了人类的需求层次，提出了人的需求可分为七种层次：生理需求、安全需求、社交需求、自尊需求、审美需求、认知需求和自我实现需求（图3－2）。其中生理需求和安全需求是人类生存的最基本需求；社交、自尊和审美需求是人的心理需求；认知和自我实现需求是人类高层次的发展需求。马斯洛认为这七种需求是按照各自的重要性排列成从低级向高级需求发展的不同层次，是人的需求从低级向高级、从物质向精神层次的发展。所以，不同民族、地位、文化程度、职业、兴趣爱好的人，对需求的选择有

图3-3 公共座椅设计

所不同。在环境设施设计中，通过采用不同的形态、色彩、材质等，赋予公共环境设施不同属性，以满足人们不同的心理需求，如对私密性、归属性、文化性等的满足。例如在设计公共座椅时，休息功能是不能完全满足人们的需求的，它不但要满足人们消除疲劳的生理功能，还必须能够满足人们在坐的过程中的心理需求：跟不熟悉的人保持距离、跟熟悉的人距离多少才感觉舒服等心理上的感觉。这样才能设计出高质量的公共环境设施（图3－3）。

（2）审美原则

审美原则在前面的功能性原则中已经有所提及，是人类心理需求的一个层次。但是审美原则有自己的特点。审美原则主要指形式美和形式美的法则。

形式美是指在设计中，要把公共环境设施当作一个美的载体来实现，而不仅仅是功能的载体，让它获得一个具有美感的空间实体形态。这样才能真正领悟空间环境的含义，体现出公共环境设施的美学价值，使其符合形式美的原则。形式美规律是人们长期对自然和人为的美感现象加以分析和归纳而获得的具有普遍性和共识性的审美标准。

形式美的法则主要有变化与统一、对比与协调、节奏与韵律、比例与尺度等。实现公共环境设施的形式美原则，必须把握住公共环境设施个体的结构形态与整体空间环境间的主次、对比关系，使公共环境设施具有协调的比例和尺度；控制好公共环境设施造型的节奏与韵律，并充分考虑到材质、色彩的美感；结合周围的景观环境，考虑好与整体景观环境的协调性。最终使公共环境设施形成一个造型新颖、内容健康、具有艺术美感的景观形象（图3－4）。

图3-4 公共座椅设计

（3）环境性原则

环境性原则在公共环境设施设计中体现为两个方面的要求：第一是公共环境设施的环境友好原则；第二是公共环境设施的环境结合原则。

图 3–5　公共垃圾箱设计

公共环境设施是需要大量生产、大量使用的产品，因此必须要考虑到它对环境的影响。任何产品的生产与消费都涉及资源问题，随着新时代的到来，全球对资源环境的保护意识正在不断地增强，有关环境保护的新理论、新的设计观念、新的技术也不断提出与实施。环境友好主要从公共环境设施设计的环保理念入手，例如利用绿色设计中的“recycle”“reuse”、“reduce”——3R理论，以及可持续发展、废弃物利用等理念和方法，设计环境友好型的公共环境设施产品。尽量减少公共环境设施对环境的破坏和使用后造成的资源浪费，并积极利用现有废弃物进行重新利用。

公共环境设施的环境结合原则是公共环境设施设计中的一大特色。公共环境设施不同于一般的产品设计，它是户外景观环境空间的一个重要组成要素，它与所处的空间环境之间有着密切的关系。公共环境设施应在造型、材料和色彩等元素的设计上与周边环境协调，尽量体现地方区域特色。

（4）系统性原则

系统性原则是指在公共环境设施设计过程中要综合全面考虑一切与之相关的因素，系统全面地分析设计的特征。系统性原则主要从两个方面来考虑：一是对设计过程中的相关问题及因素的系统考虑，二是对产品生命周期内的一切问题及因素进行系统考虑。

设计过程中的主要问题及因素是对公共环境设施设计中具体问题的系统考虑，如在设计过程中考虑好功能与审美的关系、人与公共环境设施的关系、公共环境设施与周围景观及环境的关系、材料及加工工艺与户外环境的关系等等。这一过程是一个系统过程，必须要考虑到，缺失其中某一个方面，公共环境设施的设计将是不成功的。

产品生命周期内的问题主要是产品在设计、生产、投入使用、损坏废弃的生命周期中的所有问题，主要有绿色环保因素、循环利用因素、产品老化维护等方面。需要设计者系统考虑公共环境设施在生命周期内需要解决的问题。

（5）安全性原则

安全性应该是所有产品设计必须重视的问题，是产品设计的一个重要原则，公共环境设施设计中显得尤为重要。由于公共环境设施是放置于户外环境中的，其使用人群是流动的，并且是在无人看管的情况下使用，因此，产品设计过程中对其安全性更应重点考虑。

产品自身对使用者不能有安全隐患，如座椅的设计，如果是使用条状、线状材料的话，中间的间隙设置应仔细斟酌，不能卡住儿童的身体或者四肢等；垃圾箱的设计更应该考虑使用阻燃材料，防止使用者无意中放入未熄灭的烟头等引起危险。虽然在正常情况下，这些问题都不会存在，但是由于公共环境设施是在户外无人看管的情况下使用，就应该考虑到容错的情况。

公共环境设施的安全性还体现在人们在使用过程中的心理安全。如电话亭的设计就应该是相对隔离的空间，保证使用者在使用过程中的心理安全。

3.3 公共环境设施的设计程序

3.3.1 公共环境设施设计的规划调研阶段

公共环境设施设计的起点就是规划调研阶段。这一阶段主要做以下工作。

（1）陈述设计规划及要解决的问题

主要是在设计前，决定做一个什么样的设计，解决一个什么样的问题。如给某广场配套座椅、为某小区设计系列游乐健身设施、为某单位设计户外导向系统等等；或者是提升某处整体景观形象需要配套系列公共环境设施、为某标志性建筑设计相关的公共环境设施等等。根据产品设计的特点，一般只有两种情况：改良型和概念型。

这一阶段，明确所需解决的问题是最核心的，一般最好用最简短的语句来表达要解决的问题，如为某某公园设计系列景观灯具，为人民广场设计休憩设施等。

（2）根据要解决的问题进行相关的调研

这一阶段，主要是根据已经制定的所需解决的问题，了解和熟悉现有问题的相关情况。如为某广场设计座椅，最重要的一些信息有：

①广场的基本情况。

②户外座椅的相关知识（包括现有户外座椅的情况和户外座椅的最新设计理念等）。

③人在广场的主要活动和相关环境心理学知识。

④广场所在城市的基本情况。

⑤相关的历史文化背景。

⑥当地的气候和地理环境情况、广场周围的景观情况等。

采用实地考察、查阅相关理论材料等手段来进行工作。

（3）调研总结

对以上提及的情况都有了基本的了解后，进行归纳整理，分析解决问题的突破点，并总结成几个要点列出，作为后期座椅设计的主要依据和参考。如通过大量的调研，最后发现广场作为一个城市的文化中心，坐落在市中心区域，广场周围主要景观是古朴的唐朝时期的建筑群和一个中心湖，广场上的主要人群分成两部分：本地居民和外来观光游客。该市最具特色的历史文化是唐文化，有大量的唐代遗迹和历史名人……

通过这样的分析，最后确定把广场作为宣传该市特色文化的窗口，以打造城市文化品牌。在这样的广场上，我们的座椅设计应该有哪些要点，以设计出提升广场的整体使用功能和特色景观形象的公共环境设施，注重座椅的文化内涵的提炼，突出文化特色。

最终的调研结果将指导设计规划做出本次设计的设计定位。

3.3.2 公共环境设施设计的设计展开阶段

设计展开阶段是以规划调研阶段为基础的，没有前期的调研与总结，这一步的操作就会很盲目。就上面所举的文化广场座椅设计的实例来说，如果没有文化广场的定位，座椅的设计方向可以有很多种，如现代简洁的风格、中式风格、欧式风格、装饰风格等等，最后方案也没有一个设计的依托和最终评价的标准。就一个欧式广场来说，欧式风格的座椅是相互呼应和协调的，而在一个中式风格的广场上，欧式风格的座椅就会显得很怪异和不协调。由此，没有第一步的调研，我们就无法判定最终方案的优劣。

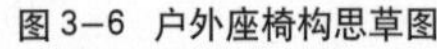
图3-6 户外座椅构思草图

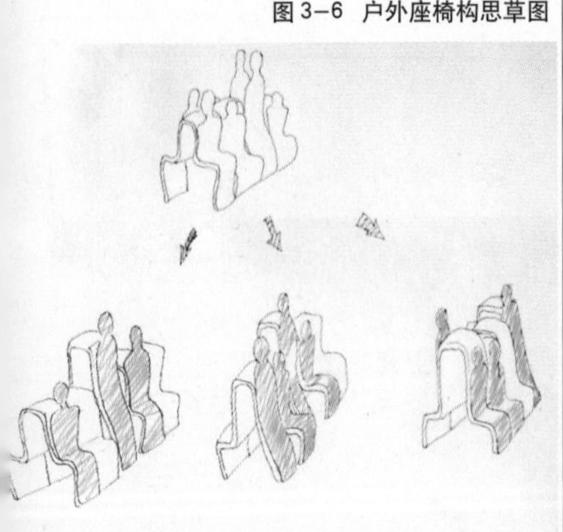

设计展开阶段主要有以下几个方面：

（1）设计方案的构想阶段

这一阶段主要是根据前期的调研情况进行一系列思考，提出不同方向的思路，并把构思简单地勾勒出来。如解决休息的问题，可以有坐、倚、靠、躺等不同的姿势，可以有简单休息的小凳子，还可以有解除疲劳的靠背座椅等等(图3－6、图3－7)。形态的构想可以根据前期的设计定位需要天马行空，甚至并不需要让别人看明白，只要设计师自己能看懂自己的创新构思就可以（如图3－8、图3－9电话亭、售货亭的构思草图就是记录设计师构思的一种手段）。

（2）设计方案的深化阶段

根据前期的设计构想，逐渐考虑该方案的可行性和解决问题的优缺点，择优选择1～3个方案进行深入和细化，并考虑到产品的功能组合、材料、加工工艺、结构等细节问题，对方案进行调整（图3-10、图3-11）。如在座椅的设计中考虑到座椅不同的使用情况，当1个人使用的时候是什么样的状况，2个人使用的时候是什么样的状况，3个人以及很多人同时使用的时候该如何处理好不同的关系，直至座椅的空间划分和就座者的相互关系等等。如图3-12所示，就是显示了设计师在设计座椅时对座椅上人与人关系与位置、不同活动情况的一种思考与推敲。

（3）设计方案的定稿阶段

经过深入的研究，最后从设计方案中评选出最优的一个，详细论证，作为最终的设计方案，并明确该方案的细部尺寸，制作相关图纸（图3-13、图3-14）。

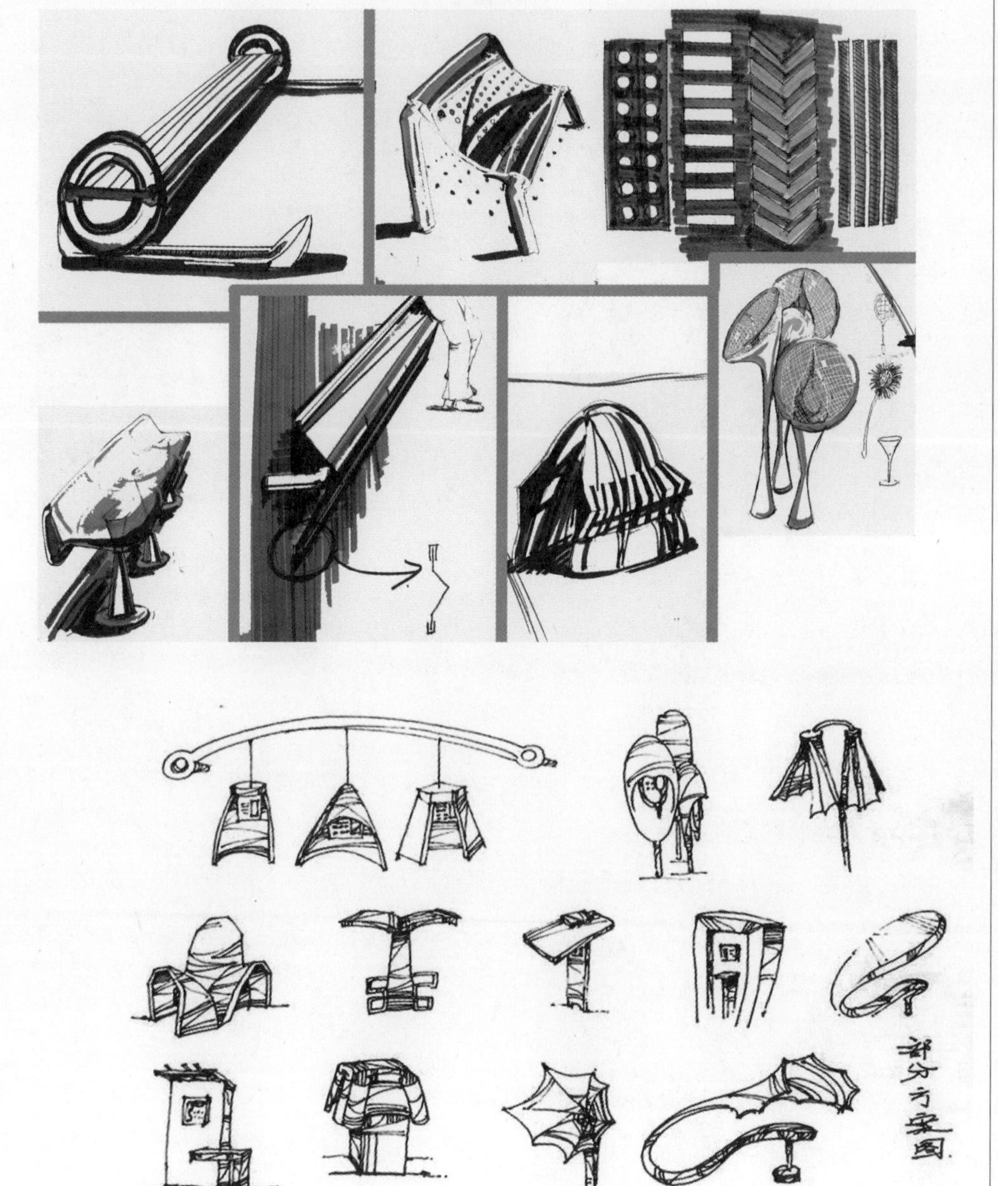

图3-7　户外座椅构思草图

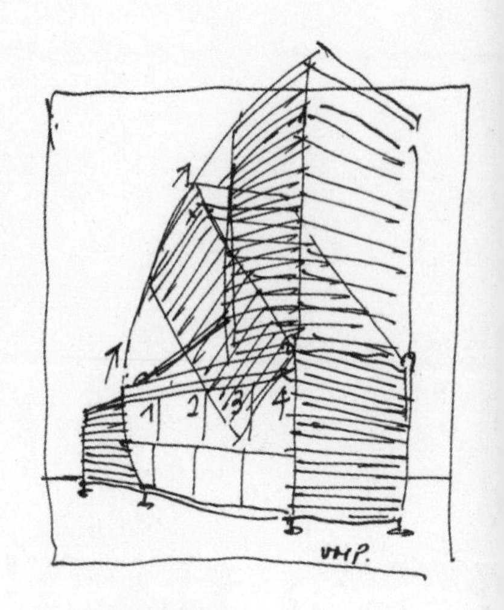

图3-8　电话亭构思草图

图3-9　售货亭构思草图

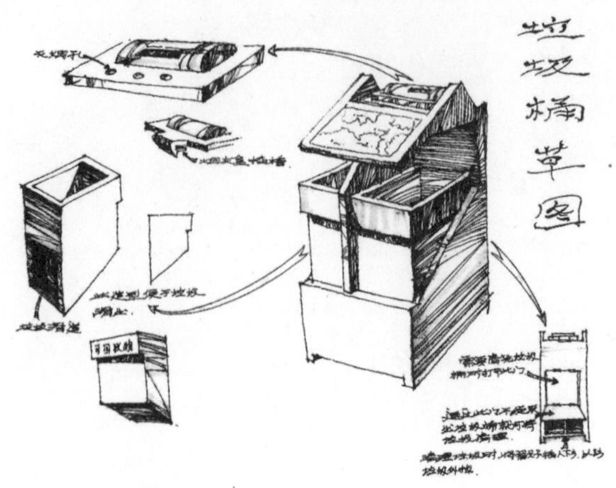

图 3-10　垃圾箱的结构分析草图

图 3-11　电话亭设计深入方案

图 3-12　座椅设计推敲过程及成品

图 3-13　方案的效果图演示

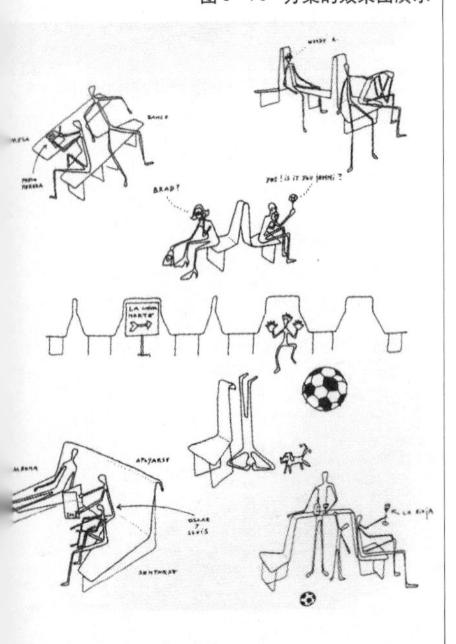

图 3-14　方案的三视图

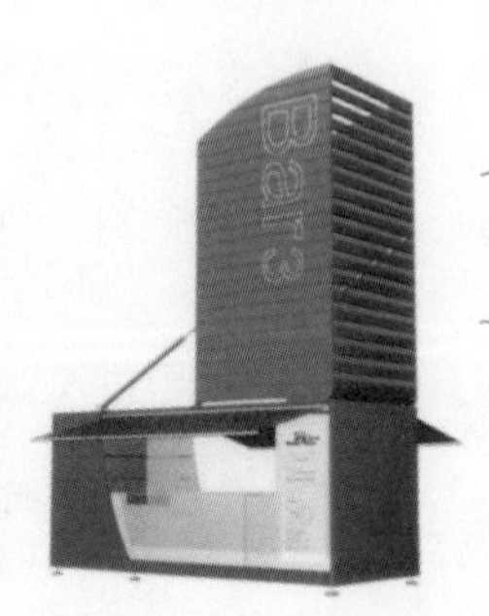

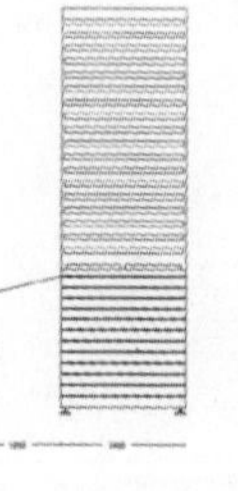

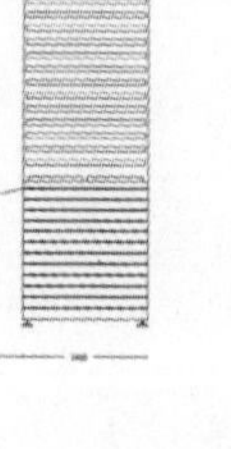

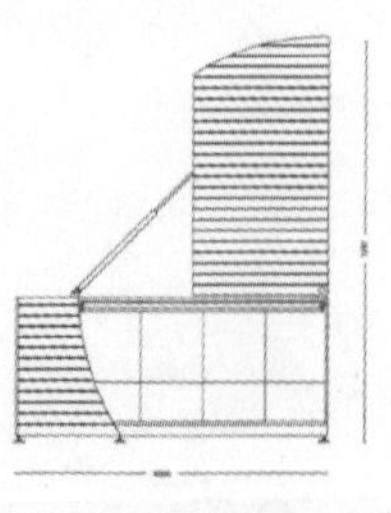

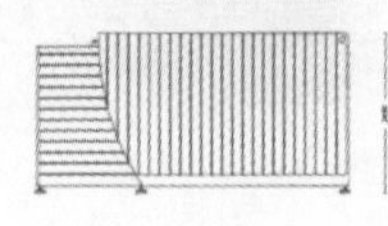

3.3.3 公共环境设施设计的后期完善阶段

公共环境设施的后期完善阶段主要是制作模型或者样品，根据模型或者样品进行实地使用试验，并在一些过程中发现前期设计方案的不足之处，积极改进。这是一个反复的过程，需要认真对待，这样的公共环境设施才能保证在以后的使用中尽量少出问题(图3-15)。

图 3-15 公共环境设施的等比例模型

3.4 公共环境设施的设计方法

公共环境设施属于工业设计的范畴，因此，适用于一般工业设计的方法均可以作为公共环境设施设计的方法。如仿生法、头脑风暴法、功能组合法、检核目录法、联想创意法、类比创意法、组合创意法等等。这些方法在公共环境设施设计中均可以使用。下面就这些设计方法举例说明。

3.4.1 模块化组合设计方法

所谓的模块化设计，简单地说就是将产品的某些要素组合在一起，构成一个具有特定功能的子系统，将这个子系统作为通用性的模块与其他产品要素进行多种组合，构成新的系统，产生多种不同功能或相同功能、不同性能的系列产品。模块化设计是绿色设计方法之一，它已经从理念转变为较成熟的设计方法。将绿色设计思想与模块化设计方法结合起来，可以同时满足产品的功能属性和环境属性。一方面可以缩短产品研发与制造周期，增加产品系列，提高产品质量，快速应对市场变化；另一方面，可以减少或消除对环境的不利影响，方便重用、升级、维修和产品废弃后的拆卸、回收和处理。

产品模块化是支持用户自行设计产品的一种有效方法。产品模块是具有独立功能和输入、输出的标准部件。这里的部件，一般包括分部件、组合件和零件等。模块化产品设计方法的原理是，对一定范围内的不同功能或相同功能、不同性能、不同规格的产品进行功能分析的基础上，划分并设计出一系列功能模块，通过模块的选择和组合构成不同的顾客定制的产品，以满足市场的不同需求。这是相似性原理在产品功能和结构上的应用，是一种实现标准化与多样化的有机结合及多品种、小批量与效率的有效统一的标准化方法。

系列产品中的模块是一种通用件，模块化与系列化已成为现今装备产品发展的一个趋势。模块是模块化设计和制造的功能单元，具有三大特征：

①相对独立性。可以对模块单独进行设计、制造、调试、修改和存储，这便于由不同的专业化企业分别进行生产。

②互换性。模块接口部位的结构、尺寸和参数标准化，容易实现模块间的互换，从而使模块满足更大数量的不同产品的需要。

③通用性。有利于实现横系列、纵系列产品间的模块的通用，实现跨系列产品间的模块的通用。

如图3－16所示的木条椅就是一种典型的模块化设计思想。其所使用的模块只有几个：木条、铁架。而木条的型号只有长、短两种，铁架也只有环形支撑架和短的靠背架两种。这样，四种基本的模块就可以完成一张座椅的设计。在此基础之上，只要利用不同数量的模块的组合就可以产生很多型号的座椅。

图3－16 模块化座椅设计及不同的组合方法

同样，在模块化设计中，还可以设计更为简单的相关产品，如图3－17所示的俄罗斯方块座椅就是根据俄罗斯方块的样式，制作了不同型号的单元，并可以利用不同的单元进行不同的组合，就如同俄罗斯方块游戏一样，可以按照自己的兴趣和喜好来进行排列、组合。

图3－17 不同的座椅模块

不同的组合产生不同的使用功能和效果。有时候造型单元也可以通过组合产生丰富的造型效果和满足不同功能的需求。如图3－18所示，单一的造型单元可以通过组合形成弯曲的S形曲线，同时，单元的造型本身也可以有一定的变化；而另外一种模块化组合方式则产生了如人体般自由变换的造型。因此，模块化组合设计方法所产生的公共环境设施的造型和功能是有丰富的可能性的。

图3－18 模块的组合变化

3.4.2 仿生设计方法

仿生设计学是仿生学与设计学互相交叉渗透而结合成的一门边缘学科，其研究范围非常广泛，研究内容丰富多彩，特别是由于仿生学和设计学涉及自然科学和社会科学的许多学科，因此也就很难对仿生设计学的研究内容进行划分。这里，我们是基于对所模拟生物系统在设计中的不同应用而分门别类的。归纳起来，仿生设计学的研究内容主要有：

①形态仿生设计学研究的是生物体（包括动物、植物、微生物、人类）和自然界物质存在（如日、月、风、云、山、川、雷、电等）的外部形态及其象征寓意，以及如何通过相应的艺术处理手法将之应用于设计之中。

图3-19 鸟巢景观灯的设计

②功能仿生设计学主要研究生物体和自然界物质存在的功能原理，并用这些原理去改进现有的或建造新的技术系统，以促进产品的更新换代或新产品的开发。

③视觉仿生设计学研究生物体的视觉器官对图像的识别、对视觉信号的分析与处理，以及相应的视觉流程；它广泛应用于产品设计、视觉传达设计和环境设计。

④结构仿生设计学主要研究生物体和自然界物质存在的内部结构原理在设计中的应用问题，适用于产品设计和建筑设计。研究最多的是植物的茎、叶以及动物形体、肌肉、骨骼的结构。

仿生设计主要通过对自然界事物的外形、结构、功能等方面进行模仿，以达到解决问题、模仿自然形态的效果。

图3-19所示的是北京鸟巢周围的景观灯设计，设计采用的就是仿生设计，灯具模仿鸟巢的形象进行设计，这是一种典型的模仿外形的设计手法。

同样，图3-20所示的是海边公共座椅的设计，主要是模仿海浪波涛起伏的形状，这也是一种外形上的模仿。

图3-21这一组自行车停车架是模仿抽象形态，经过一定的处理加工后，为了满足自行车停放功能设计而成。

图3-22所示的是某太阳能景观灯，既模仿自然植物形态，也模仿植物向阳的特点设计太阳能板。这样的仿生设计既是外形模仿，也是功能的模仿，颇具匠心。

图3-20 水波纹的座椅设计

图 3–21　不同造型的自行车停车架设计

图 3–22　户外灯具设计

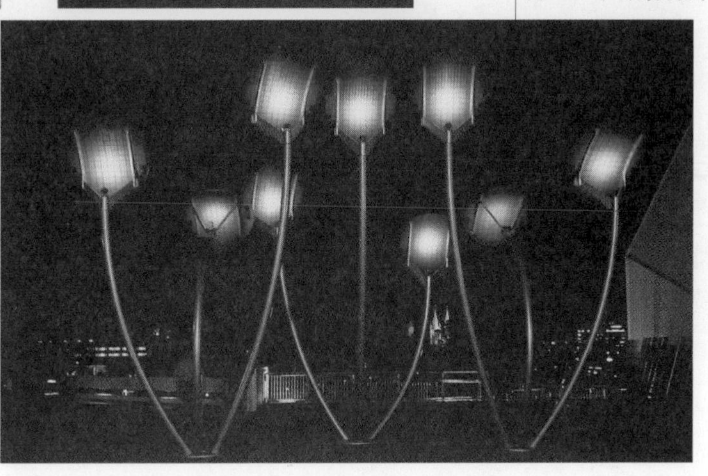

3.4.3 功能分析法

功能分析法其实就是对产品功能进行分析，并细化产品的功能为多项子功能，采用各种办法解决每一项子功能，进而汇总优化产品的系统功能及实现功能的办法。这一方法有利于设计师掌握产品的核心功能，而不拘泥于产品的外形特征，拓宽设计师的设计思路。

图3-23～图3-25所示的是某公交站亭的设计，作者采用了功能分析法，详细分析了汽车公交站的位置、分布和功能特点，并对遮阳这一主要功能进行研究，指出不同路口由于太阳方向不一样的特点而对遮阳功能有不同要求，设计了可变化的公交站亭。综合考虑了公交站亭的位置、人流特点、光照特点、季节变化等因素，最后指出了不同交通位置的公交站亭的造型设计，一步一步实现公交站亭的设计。

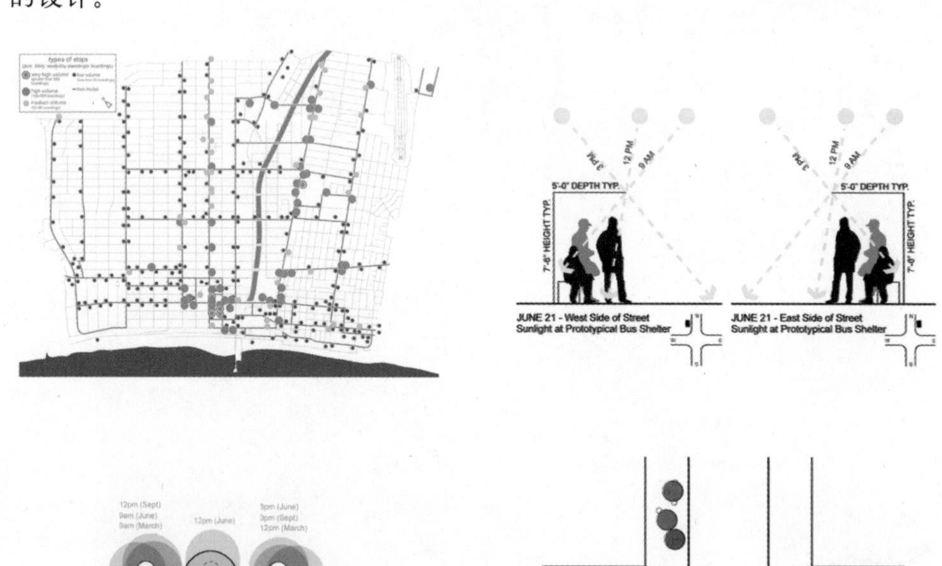

图3-23 公交站亭的位置分布及日照特点

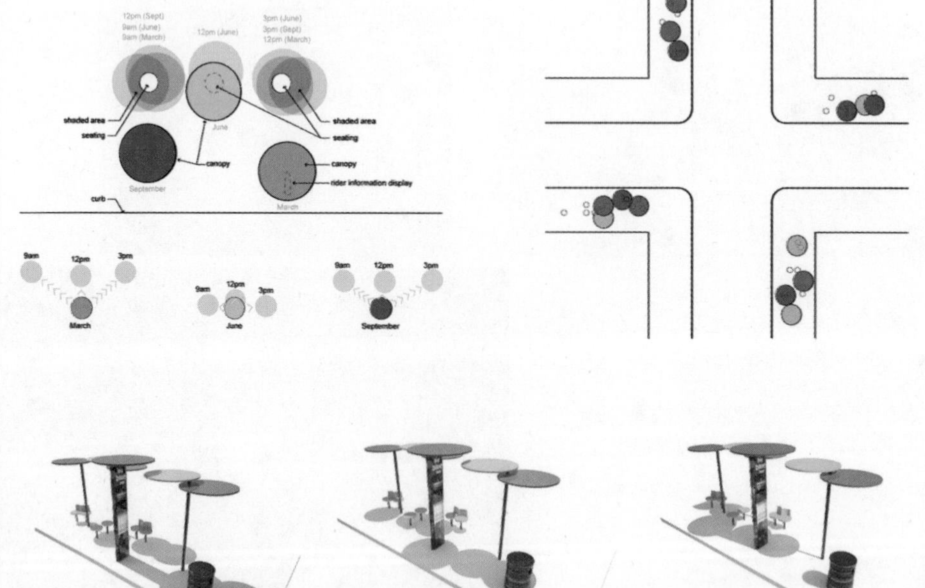

图3-24 公交站亭的光影分析

9am 12pm 3pm

图3-25 设计完成的公交站亭不同时间段的光影效果

同样是功能分析法，图3－26所示的座椅设计也体现得尤为明显。该座椅设计主要考虑的并不是座椅的造型等因素，而是座椅的功能要素，特别是考虑了座椅在不同人数使用时的情况，如1个人、2个人以及3人或3人以上时的状态，进而进行思考得出了设计方案。

图3－26　不同人数的座椅使用状况

另外，功能分析方法中还有一个思路值得我们关注，就是多功能组合的设计方法。在公共环境设施中，产品的功能并不一定是单一的，还可以是不同功能的组合，如座椅可以和花坛组合、和灯具组合，公交站亭可以和售货亭等结合，售货亭可以和座椅、导向牌结合等等。图3－27～图3－29所示的是景观灯和座椅的结合、自行车停车架与座椅的结合、垃圾箱与座椅的结合以及座椅和自行车停车架的结合。这种功能的组合方法既可以节约空间、成本等，还方便使用者使用。

图3－27～图3－29　多种功能结合的公共环境设施

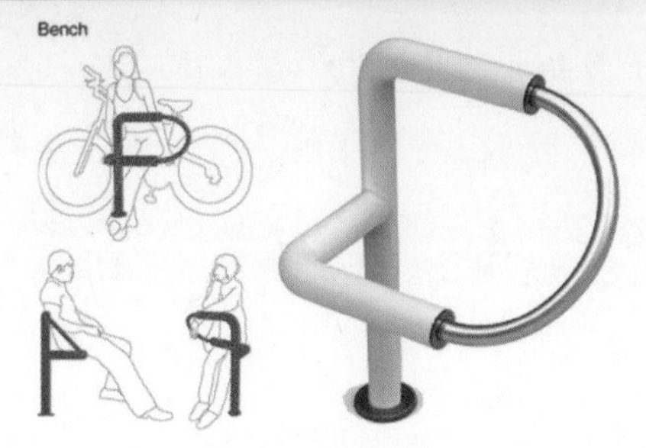

3.4.4 景观元素提取法

元素提取是工业设计常用的一种设计手法，在公共环境设施设计中，由于公共环境设施不完全和工业设计相同，其所处的环境是户外，要考虑到公共环境设施与户外景观环境的融合，因此，对公共环境设施周围景观元素的提取就是公共环境设施的元素提取的来源。提取后的元素不但作为公共环境设施的造型元素，还可以和周围景观环境相协调。

图3－30所示的就是对城市道路元素的提取处理后所形成的一种座椅设计思路。既有象征意义，还可以作为导向地图为行人提供相关的道路信息。作为城市中的座椅，和该城市的道路联系到一起，形成只有该城市才能有的独特的座椅设计，体现出城市的特色。

图 3–30 公共座椅设计

图3－31所示的是景观灯的设计中所体现的周围景观元素。图3－31所示的是Cooper照明公司的Mesa LED灯具，其公司在宣传中就显示了提取体育馆的元素的思路，再经过设计加工与处理，一款精致的景观灯就完成了。图3－32同样也是提取后面建筑物的造型，虽然在整体造型上没有模仿，但是在造型的细节处理上处处与后面的建筑物造型相协调，甚至连建筑中的台面造型都借鉴过来。

图3－33所示的是为某商业街设计的售货亭，在设计过程中首先对这个商业街进行实际的考察后，发现这一商业街周边景观最大的特点就是如图3－34所示的玻璃墙面组合，这一组合极具特色。因此，在对该商业街的售货亭的设计中直接提取该造型元素进行延伸，最终设计出的售货亭也极具特色，符合该商业街的景观建筑特点。

景观元素法中对景观元素的提取以及提取后的造型延伸等均需要设计师进行深入的思考，这样才能设计出既有周边景观的造型特征，而又不显得生硬和雷同的优秀的公共环境设施来。

公共环境设施的设计方法多种多样，上面只是介绍了几种常用的设计方法，而且每一种方法也不是具体的某一个方法，而是代表着一个种类的方法，这个思路下还可以有次级的设计方法，这些需要大家共同去发展和实践。

图 3-31、图 3-32 户外灯具设计

图 3－33 售货亭（报刊亭）设计

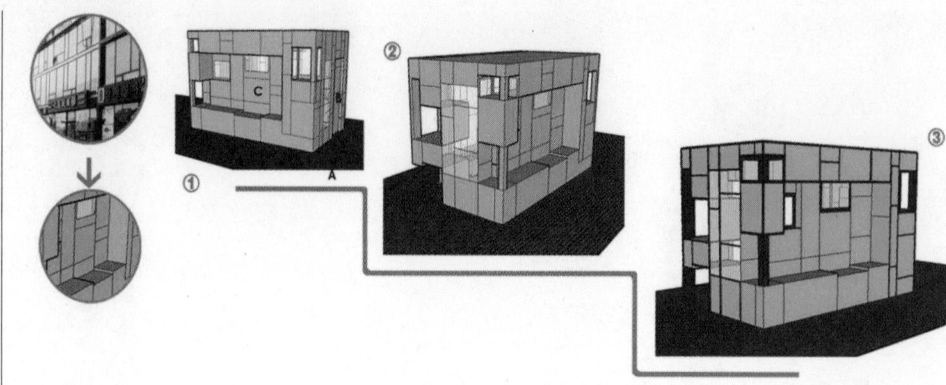

图 3－34 户外环境特征分析

4

城市广场公共环境设施设计

4.1 城市广场

4.1.1 城市广场概念

城市广场指为满足多种城市社会生活需要而建设的，以建筑、道路、山水、地形等围合，由多种软、硬质景观构成的，采用步行交通手段，具有一定的主题思想和规模的结点型城市户外公共活动空间(图4－1)。

图 4－1 天津银河广场

4.1.2 城市广场的历史沿革

古希腊城市广场，如普南城的中心广场，是市民开展宗教、商业、政治活动的场所。古罗马建造的城市中心广场开始时是作为市场和公众集会场所，后来也用于发布公告、进行审判、欢度节庆等的场所，通常集中了大量宗教性和纪念性的建筑物。罗马的图拉真广场中心有图拉真皇帝的骑马铜像，广场边上巴西利卡（长方形会堂）后面的小院中矗立着高43米的图拉真纪念柱，柱顶立着皇帝铜像，用以炫耀皇权的威严(图4－2)。公元5世纪欧洲进入封建时期以后，城市生活以宗教活动为中心，广场成了教堂和市政厅的前庭。意大利锡耶纳城的开波广场就是一例。

15—16世纪欧洲文艺复兴时期，由于城市中公共活动的增加和思想文化各个领域的繁荣，相应地出现了一批著名的城市广场，如罗马的圣彼得广场(图4-3)、卡比多广场等。后者是一个市政广场，雄踞于罗马卡比多山上，置身其中能俯瞰全城，气势雄伟，是罗马城的象征。威尼斯城的圣马可广场风格优雅，空间布局完美和谐，被誉为“欧洲的客厅”。17—18世纪法国巴黎的协和广场、南锡广场等是当时的代表作。

19世纪后期，城市中工业的发展、人口和机动车辆的迅速增加，使城市广场的性质、功能发生新的变化。不少老的广场成了交通广场，如巴黎的星形广场和协和广场。现代城市规划理论和现代建筑的出现，交通速度的提高，引起城市广场在空间组织和尺度概念上的改变，产生了像巴西利亚三权广场这样一种新的空间布局形式。

中国古代城市缺乏公众活动的广场。只是在庙宇前有前庭，有的设有戏台，可以举行庙会等公共活动。此外，很多小城镇上还有进行商业活动的市场和码头、桥头的集散性广场。衙署前的前庭，不是供公众活动使用，相反，还要求他们肃静回避。这在古代都城的规划布局中更为突出，如宫城或皇城前都有宫廷广场，但不开放。明清北京城设置了一个既有横街又有纵街的T字形宫廷广场（今天安门广场），在纵向广场两侧建有千步廊，并集中布置中央级官署；广场三面入口处都有重门，严禁市民入内，营造了宫阙门禁森严的气氛。

图4-2 意大利图拉真广场

图4-3 意大利圣彼得广场

4.1.3 城市广场的类型

(1) 公共活动广场

公共活动广场一般是政治性广场，应有较大场地供群众集会、游行、节日庆祝联欢等活动之用，通常设置在有干道连通，便于交通集中和疏散的市中心区，其规模和布局取决于城市性质、集会游行人数、车流人流集散情况以及建筑艺术

图4-4 北京天安门广场

方面的要求，如北京天安门广场（图4－4）。

（2）集散广场

集散广场指供大量车流、人流集散的各种建筑物前的广场，一般是城市的重要交通枢纽，应在规划中合理地组织交通集散。在设计中要根据不同广场的特性使车流和人流能通畅而安全地运行。

站前集散广场包括航空港、车站、码头等前面设置的广场。在设计中要根据站前广场车流和人流的特点统一布置，尽量减少人车之间的干扰，如站房的出入口要与地铁车站、公共交通车站、出租汽车站、停车场等一起安排，以减少主要人流与车流的交叉。当车流与人流都很集中时，可修建地道或天桥使旅客直接从站房到达公共交通设施的站台，不受其他车流干扰。如火车站的出入口可与地铁车站、公共交通车站在地下换乘，以避免旅客携带重物多次上下，缩短换乘距离，减少人流与车流的交叉。站前广场的建筑除站房和上述交通设施外，还应安排必要的服务设施，如停车场、邮电局、餐厅、百货店、旅馆等，并适当布置绿化。站（港）前广场是旅客进入城市的大门，交通方便、服务设施周到，建筑形式协调，会使人们对城市产生良好的印象。

体育场、展览馆、公园、影剧院、饭店、旅馆等大型公共建筑物前广场也属于集散广场，广场应保证车流通畅和行人安全。广场的布局应与主体建筑物相配合并适当布置绿化。根据实际需要安排机动车和自行车停车场。

（3）交通广场

交通广场为几条主要道路汇合的大型交叉路口。常见形式为环形交叉路口，其中心岛多布置绿化或纪念物，如长春市人民广场有六条道路相交，中心岛直径220米（图4—5）。

图4-5 长春市人民广场

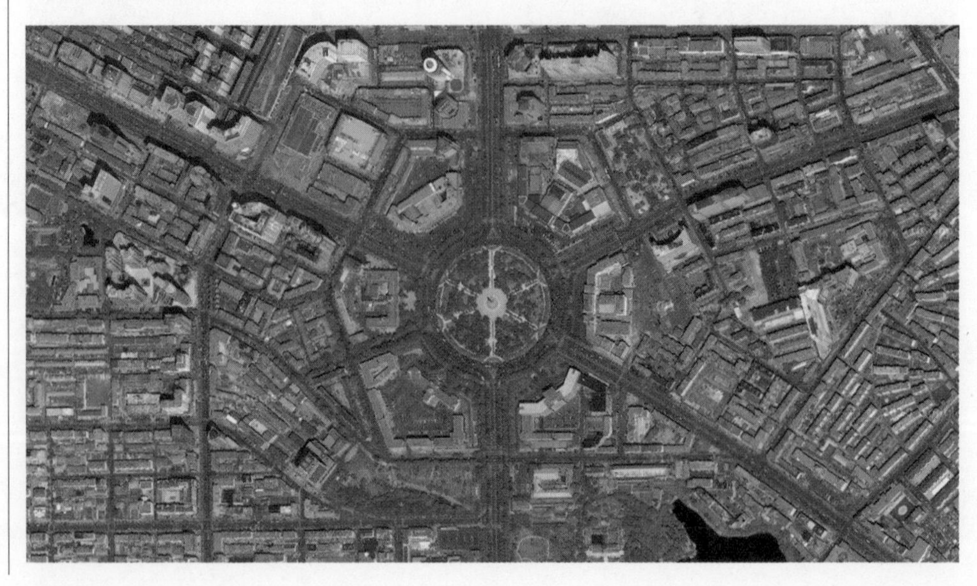

城市跨河桥桥头与滨河路相交形成的桥头广场是另一种形式的交通广场。当桥头标高高出滨河路较多时，按照交通需要可做成立体交叉。

(4) 纪念性广场

纪念性广场建有重大纪念意义的建筑物，如塑像、纪念碑、纪念堂等，在其前庭或四周布置园林绿化，供群众瞻仰、纪念或进行传统教育，如南京中山陵广场。设计时应结合地形使主体建筑物突出、比例协调，营造庄严肃穆的气氛。罗马圣彼得广场是比较著名的纪念性广场。

(5) 商业广场

商业广场为商业活动之用，一般位于商业繁华地区。广场周围主要安排商业建筑，也可布置剧院和其他服务性设施；商业广场有时和步行商业街结合。城镇中集市贸易广场也属于商业广场。

4.1.4 广场传统和广场设计

如同现代建筑和现代城市规划起源于欧洲，广场原本并不是中国土生土长的一种城市空间要素。中外建筑、城市史学家一般都认为，虽然中国古代建筑和城市建设在外部空间的规划设计方面有过辉煌的成就，但那主要是表现在宫殿、陵寝以及大型园林等的院落空间布局上，而从未产生过欧洲城市传统意义上的广场，即那种叫作“市民中心”(civic place)的城市广场。

中国城市过去20多年的广场建设似乎存在着一种明显的偏向：无论是出于主观愿望还是其他原因，许多广场的设计仍是基于17世纪以来欧洲巴洛克城市设计的概念。也就是说在形式上将广场或是做成适用于大型政治集会的开放空间，或是做成适合陈列大型纪念碑的场地及开放式公园，而在相当程度上忽略了另一类广场的创作：由房屋建筑所围合，容纳自发性的市民活动，并往往具有多重社会文化含义的公共空间。与主要以美化环境为目的的风景设计不同，广场的规划设计，在不少场合并不是一个抽象的空间构图和景观布置的问题，而与广场空间的“生成条件”，即通常所说的城市(建筑和生活)的“文脉”有着密切的关系。

4.1.5 中国当前的广场建设潮流

随着中国在过去20多年里城市建设活动的大量增加，城市公共环境的设计在功能使用和景观观赏等方面越来越受到城市规划和建筑界的重视。这方面的一个明显标志就是在许多城市里建造了，并且还在不断地建造着各式各样的广场。

如果就一些已建成的城市广场做大致归纳，不难发现这些广场在某些方面有不少相似之处。从城市规划的角度来看，不少广场，譬如说一些在概念上被定为政治集会用的大型开放空间，经常被有意识地放在城市主要干道的交会点或尽端，使人从很远的地方就能将其一览无余。其他定义为休憩或观赏性的广场，其布点或与公园绿地相同，或由用地规划的“边角料空间”(space left over after planning)建成，譬如布置在大型交通环岛当中的广场、城市道路相交转角位置的广场等。从实际使用的角度来说，不少广场基本上是附属于大型交通设施、商场，以及文体设施的室外集散空间；或是附属于政府机构大厦和大型商业办公楼的前庭(corporate plazas)；或是含有大面积绿地、类似公园的开放空间。而就空间设计来说，不少广场强调的是大尺度、几何规整性和较强的中轴对称关系；倾向于用“道路而非建筑”来围合广场空间；倾向于将广场上的建筑物与纪念碑作同样处理，即或是以性格严肃的建筑物作为广场空间的背景，或是把广场做成展现建筑的陪衬空间，所谓“雕塑品的托盘作用”。

随着城市建设的迅速发展，一些城市的规划管理部门开始注意对城市广场的建造加以系统引导，旨在做到广场用地规划的体系化、科学化。照此趋势，如同其他一些已经基本概念化了的城市要素，譬如居住小区、居住区、中心、副中心、地区公园、小区绿地等，广场也将很快成为未来中国城市中可以系统规划和建设的一类实体要素了。

4.2 城市广场人的行为特征

4.2.1 城市公共空间的本质

城市公共空间是一个多层次、多功能的空间，它集观演、休息、娱乐、健身、餐饮、文化等为一体，是人们社会生活的舞台，城市公共空间不仅仅是让人参观的，更是供人使用、让人成为其中的一部分。因此，它的实质是以参与活动的人为主体的，强调人在场所中的体验，强调人在环境中的活动，强调场所的物理特征、人的活动以及含义三位一体的整体性。分析城市公共空间，就应从它的三要素——活动主体、活动事件和活动场所加以分析。

（1）　活动主体

人是活动的主体，是空间的使用者，同时也是空间景观的组成要素之一。这里面的活动主体即人，包括不同的年龄，不同的阶层、职业、爱好和文化背景的人，他们都可以在这里自由平等地选择机会，进行交流。正是由于有了人的参与，才使城市公共空间具有了公共性、开放性。

（2）活动事件

主要指社会活动，由使用者的行为构成。人在户外公共空间的社会活动可以归纳为三种类型：必要性活动、选择性活动和社交性活动。必要性活动是人类因为生存而必需的活动，它基本上不受环境品质的影响；选择性活动即像饭后散步等根据心情、环境等做出决定的休憩类活动，与环境品质有很大的关系；社交性活动，如在公园里的聚会、在步行商业街里聊天等，都是社交性活动。在社会生活中，必要性、选择性、社交性活动常常交会发生，尤其是后两种活动对公共空间环境的要求越来越高，越来越需要对人性的关注。

（3）活动场所

即人的活动事件的发生地，也就是我们进行设计的城市公共活动空间。活动主体、活动事件、活动场所三者的有机结合才能构成人性化的城市公共空间。主体创造了活动，活动强化了场所，场所又吸引了主体，一个城市的空间才具有了公共二字的含义。

人性化的城市公共空间就是能够创造条件，让人在其中有愉悦的心理感受体验的空间。在这样的空间里，人们可以通过各种行为活动，获得亲切、舒适、自由、尊严、愉悦、轻松、安全、活力、有意味的心理感受，那是一个展示自身价值的空间，是一个供人分享、看和被看的所在，是寄托希望并以其为归属的地方。离开了人的活动、人的故事和精神，公共空间便失去了意义。

4.2.2　城市广场中人的主要行为

根据前面对城市广场的分析，我们大体上可以把城市广场中人的活动分为两种(表4-1)：一是人的个体行为，主要指的是人为个体而进行的各种行为活动，如休闲、聊天、亲子、散步、购物、旅游等行为；一是人的社会行为，主要是指人在一定社会约束下所完成的行为，如集会活动、政治活动、纪念活动、庆典活动等。这两种不同的行为活动构成了人们在城市广场中所有行为的主体，并在不同类型的城市广场中有所侧重。

表4－1 城市广场中人的活动

人的行为	形 式	明 细	行为特点
个体行为	休闲	聊天、亲子、散步、放风筝、下棋、交友……	静止、散漫、星星点点、随意、适当私密、熟悉……
	购物	消费、餐饮、感受、游乐、……	热闹、拥挤、密集、安全感……
	旅游	观光、休憩、摄影、考察、体验……	放松、易疲劳、不熟悉环境、垃圾存放、售货……
	健身	锻炼、跳舞、跳操、有氧运动、踢毽子……	休息、适当空间、健身设备……
	……		
社会行为	集会活动	宣传、推介、Party、展览……	社交空间、垃圾存放、交通设置……
	政治活动	国庆、建军节、哀悼……	社会行为、移动厕所、垃圾存放、座椅设置、交通设置……
	纪念活动	诞辰、纪念事件、标志人物……	社会行为、移动厕所、垃圾存放、座椅设置、交通设置……
	庆典活动	法定节日、传统节日、婚丧嫁娶……	社会行为、移动厕所、垃圾存放、交通设置……

4.3 城市广场的公共环境设施

城市广场上的公共环境设施，也是根据不同类型的城市广场和不同的人的行为而设定的，不过就一般意义来说，城市广场的公共环境设施主要偏向交通类、休息类、卫生类和信息类，这几类是保证一个广场功能完善的重要支撑。

表4－2所示的是公共环境设施在城市广场上的重要程度，黑色方框代表有较高的重要性，空心方框代表有一定的重要性，后文同此。

表4－2　城市广场公共环境设施重要程度一览表

设施类别	设施名称	重要性
休息类设施	座椅	■
	凉亭	□
	棚架	□
信息类设施	公用电话亭	■
	街钟	□
	邮筒	□
	广告牌	□
	广告塔	□
	标志牌	■
	路牌	□
	导游图	□
	电子问讯装置	□
交通类设施	候车亭	□
	护柱	■
	护栏	□
	自行车停放架	■
	交通信号	□
	停车场装置	□
卫生类设施	公共厕所	■
	垃圾箱	■
	烟灰筒	□
	饮水器	□
	洗手池	□
管理类设施	管理亭	□
	消防栓	□
	配电箱	□
	窨井盖	□
商业类设施	售货亭	■
	书报亭	□
自助类设施	自动售货机	□
	自动查询机	□
	自动售票机	□
	信息终端	□
观赏类设施	花坛	□
	景观小品	□
游乐类设施	健身设施	□
	游乐设施	□
照明类设施	路灯	■
	草坪灯	■
	庭院灯	□
	霓虹灯	□
	投光照明	□
无障碍设施	残疾人坡道	■
	专用电梯	□

4.4 城市广场的公共环境设施设计

城市广场的公共环境设施设计是根据城市广场中相对重要的公共环境设施进行设计。

4.4.1 拦阻类公共环境设施设计

主要包括护栏、障碍柱、减速装置、扶手等设施。这一类设施在整个户外空间环境中起到强制区分行人和车辆、行人和行人以及空间的作用，具有划分、围合空间的作用(图4-6)。

图4-6 不同造型的护栏

这一类设施的设计其本身没有多少造型的变化，主要是和其他功能结合，如和灯具的结合、和自行车停车架的结合等，这样的结合不但增加了设施本身的实用性，也节约了资源和空间，一举多得(图4-7)。

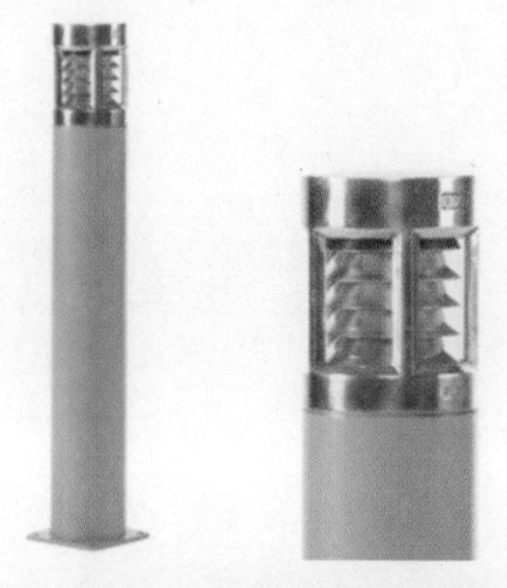

图4-7 功能结合的拦阻设施

4.4.2 休息类公共环境设施

休息类公共环境设施主要有公共座椅、休息亭等(图4-8)。

(1) 公共座椅

公共座椅是在广场中最常见的一类公共环境设施，可向人们提供休息、思考、交流、观赏等多项功能。一般情况下，广场上面积较大，相对空旷，如果没有公共座椅的设置，人们就没有休息的场所，这样的广场设计也缺乏对人的真正关怀。没有休息地方的广场是不会有人光顾的，广场的价值将大打折扣。

座椅的组合形式可以根据不同人数的需求、不同的休息方式、不同的活动方式等灵活自由

图4-8 不同类型的公共座椅

地设置，特别是广场空间较大时，在这方面具有一定的优势，但也注意不要过于分散。座椅设计还可以与花坛、树围等结合。

①公共座椅的设计原则与要求。

a.座椅设计应符合人的生理尺度。根据人机工程学的相关知识，椅子的坐面高度一般为38～45cm，宽度不能低于40cm，深度为40～43cm，尺度的使用要充分考虑到人体生理特点，并参考有关国家标准。

b.座椅设计应符合人的心理需求。座椅设计虽然是为人们提供休息的场所，但是座椅也是人与人沟通和交流的重要场所，人不可能在休息的时候不做其他活动。一旦有不同的活动如聊天、亲子、社交、聚会等，人们对座椅的使用需求、心理需求是不同的。座椅与座椅之间的相对位置和人坐上座椅后的相互关系等都需要认真考虑。

c.结构不是最主要的，最主要的是能够给人提供休息的功能。这一点很多人在进行座椅设计的时候是没有深刻认识的，公共座椅的结构从本质上说跟室内座椅没有任何区别，但是户外公共座椅最为核心的并不是如支撑腿、坐面、靠背、扶手等结构必须都有，而是要因地制宜地设计能休息的场所。如利用花坛的边沿设计座椅就体现了这一点（图4－9）。

图4－9 公共座椅

d.要考虑到户外气候、环境状况，特别是在材料选用上要有所考虑。多采用石材、木材、混凝土、铸铁、不锈钢、塑料、合成材料等材料。还要考虑到材料的易清洗性，表面不能粗糙、不易清洗。

e.公共座椅设计要和广场景观协调。和广场景观协调主要是从视觉和审美感受上来说，视觉上要有联系，不能冲突、显得突兀；审美上，座椅的设计要和广场的定位符合，不能在大型的政治广场上设置可爱的、调侃的座椅，也不能在游乐型的广场上设置很严肃的座椅造型。

f.公共座椅设计要有特色，体现地域文化。体现地域文化和特色是任何公共环境设施都应该考虑的。

②公共座椅设计的种类。

a.单体类。单体类座椅主要是指独立存在、体量相对较小的一类。这一类座椅一般放置在较小的空间环境，或者成组排列（图4－10）。

图4-10 单体类公共座椅

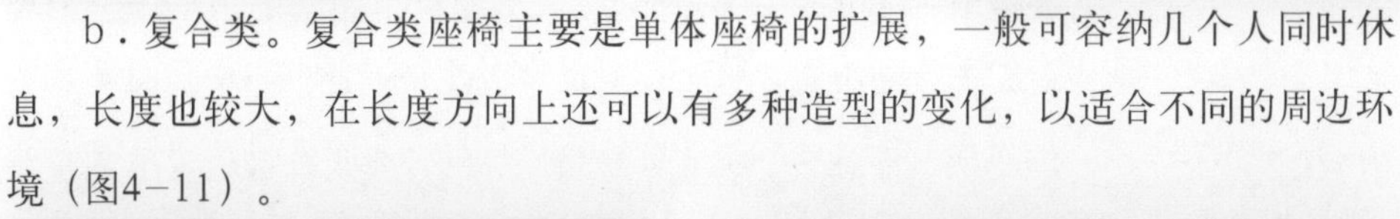

b.复合类。复合类座椅主要是单体座椅的扩展，一般可容纳几个人同时休息，长度也较大，在长度方向上还可以有多种造型的变化，以适合不同的周边环境（图4-11）。

图4-11 复合类公共座椅

图4-12 组合类公共座椅

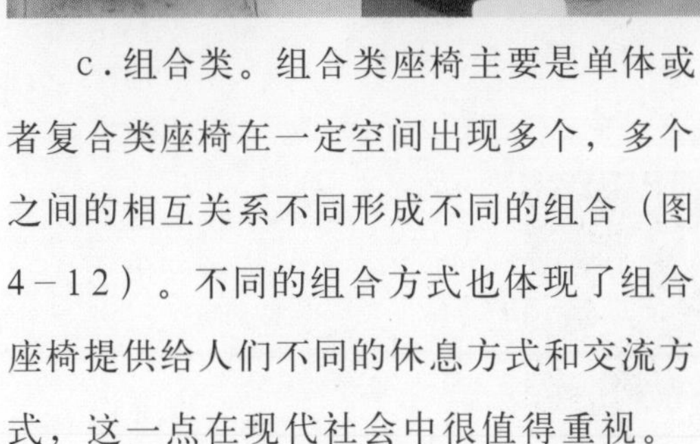

c.组合类。组合类座椅主要是单体或者复合类座椅在一定空间出现多个，多个之间的相互关系不同形成不同的组合（图4-12）。不同的组合方式也体现了组合座椅提供给人们不同的休息方式和交流方式，这一点在现代社会中很值得重视。

d.结合类。结合类主要是指公共座椅和其他广场上的公共环境设施相结合形成多功能一体的公共环境设施。如图4-13所示的和树坛结合的座椅、和水泥隔挡结合的

座椅等等。这一类座椅往往因地制宜地把景观环境与设施都结合到一起。

e.非休息类。还有一类结合类需要特殊说明，那就是如图4-14所示的非休息类座椅。当然，这种非休息类设施也不完全能称之为座椅，只是人们在疲劳时临时倚靠或者坐的地方，但不是长时间的休息场所。这一类座椅不完全是为广场上专用的，而主要设置在候车、候机等人流量大，但停留时间并不长的场所。而且这一类非休息类座椅的理念正在被越来越多的人理解和接受，并在公共休息设施设计中得到应用。

之所以设计这种非休息类座椅，主要是为了能够让更多的人都能得到暂时的休息。

图4-13 结合类公共座 椅

图4-14 非休息类公共座椅

(2) 其他休息类设施

除了公共座椅之外，其他休息类公共环境设施主要有凳、休息亭等设施。这一类设施的使用也相当普遍。从座椅类的分析中我们就可以看出，结合类座椅可以视为凳子的一种。

凳子最大的特点就是只有坐的面，而没有靠背和其他如扶手的结构。凳子类的设计也可以有很多变化，图4-15所示就是常见的凳子。我们可以使用不同的材料和造型变化，还可以利用凳子的不同组合形成新的休息模式。

图4-15 公共坐凳

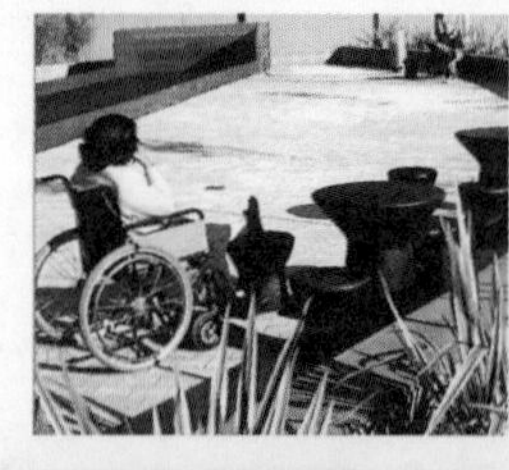

休息亭一般是指带有遮棚的休息场所。这样的休息亭设计需要综合考虑场所以及周边的景观，不要很突兀。在图4-16中，图a是海边广场的休息亭，采用的造型就是开敞式的双顶棚设计，显得空旷、怡人；图b是位于

（图a）　　（图b）

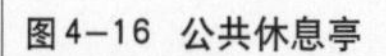

图4-16 公共休息亭

图4-17 公共休息亭

湖边的休息亭，采用的立柱相对比较粗大，显得厚重有力。

图4－17所示的休息亭采用的是有顶棚半围合结构，显得相对私密一点，这样的休息更适合设置在空间范围相对较小、人与人之间的距离比较近的环境中，不一定是在大型的广场，可以设置在小型广场以及居民区内。

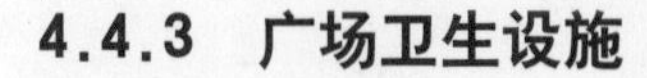

4.4.3 广场卫生设施

广场上的卫生设施主要有垃圾箱、公共厕所和饮水机等，这几类设施由于不同的广场环境也会有侧重。但无论怎样，垃圾箱和公共厕所是广场上比较重要的公共环境设施。特别是人们在广场上游玩的时候，这样的需求更为强烈。而饮水机由于国内人们对这一设施的认可度还相对较小，目前在国内广场上实际投放的并不多。一般只有大型的广场上才有饮水机，如北京鸟巢体育馆广场。但实际使用得比较少，主要有两个方面的原因：一是人们对饮水机的卫生心存疑虑，二是广场上的售货亭一般都有瓶装水出售。

（1）垃圾箱

垃圾箱主要是收集公共场所的垃圾，要便于人们投放，同时也要便于垃圾清理，并考虑防雨水、雪等户外环境状况（图4－18）。

图4-18 公共垃圾箱

不同的场所对垃圾箱的要求不一样。广场上的垃圾箱要根据广场的实际大小决定放置垃圾箱的间隔。间隔不能过大，过大导致人们在投放垃圾的时候不方便，过小则产生资源的浪费。根据不同的场所，垃圾箱的大小也有所讲究，人比较少的广场，垃圾箱可以设计得小一点，而诸如居民区等生活垃圾比较多的场所，垃圾箱的容积必须要大。

广场上的垃圾箱还要考虑和周围景观、公共环境设施的造型的协调性，这样才能做到美观。

垃圾箱的种类主要有以下几种：

①固定式：垃圾箱与地面连成一体，不易被移走，方便保护和管理。一般设置在人口流动性强的公共环境，如商业街、广场等（图4－19）。

图4－19 固定式公共垃圾箱

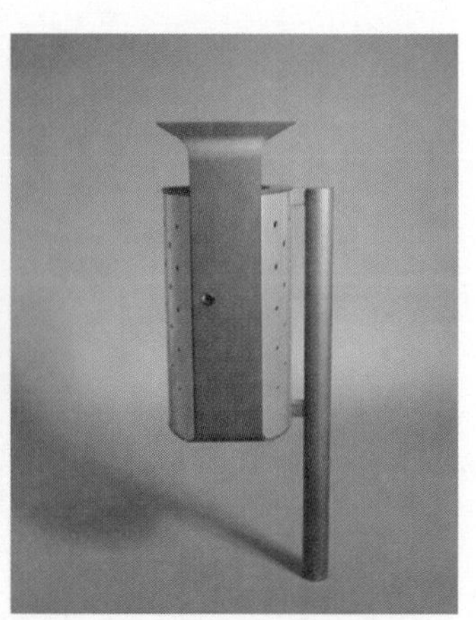

②活动式：垃圾箱是独立、可以移动的。这样的垃圾箱可以方便移动和更换。一般设置于环境相对稳定、人口流动性相对较小的空间。如居民区、单位内部、公共空间等（图4－20）。

③结合式：往往和周边的构筑物相结合，如固定在墙面、柱子等处，还有和其他公共环境设施结合的垃圾箱，如和座椅结合等（图4－21）。

图4－20 活动式公共垃圾箱

④分类式：分类式垃圾箱主要是把某一类型的垃圾分类收集，如专门收集电池的垃圾箱、收集烟头的垃圾箱等，这一类垃圾箱的设计往往小巧精致，特色鲜明（图4－22、图4－23）。

垃圾箱的设计要求主要有：

①便于投放垃圾。

②便于清理垃圾。

③防雨雪、防风等遮挡设计。

④应根据不同场合设置不同大小、类型的垃圾箱。

⑤注意和周围景观环境的协调。

（2）公共厕所

公共厕所是表现城市文明、突出以人为本思想的公共环境设施。公共厕所一般设置在空间较大的户外环境中，如广场、公园等。关于公共厕所的设计我们将在后面的章节详细说明，这里主要想说明一下城市广场上公共厕所的设计。

广场公共厕所设计主要应考虑两个方面的因素：

一是考虑广场空间范围较大，公共厕所要有很好的识别性。一般在广场上游玩的人们并不会对广场太熟悉，一旦有需要的时候就会比较急，这个时候公共厕所的识别性就显得尤为重要，要让人能迅速地发现公共厕所的位置，这就需要和广场导向系统相配合。

二是公共厕所的设计，由于其体量感比较大，还要注意它和周围景观的协调性。不能设置在广场的中心区域或者较中心的位置，一般应设置在边缘地带，或者在下沉式广场的角落处，不要对周围景观产生太多的影响。

图4－21　同座椅结合的垃圾箱

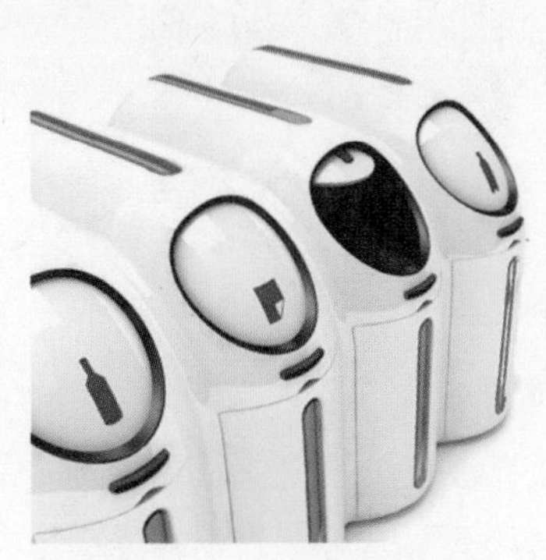

图4－22　分类垃圾箱

图4－23　烟头垃圾箱

4.4.4　广场照明设施

广场环境是城市象征的缩影。照明也是广场设计的重要表现手法，广场照明设计的主要形式有高杆柱式、中杆柱式、低杆式和脚灯式。

（1）高杆柱式

高杆柱式照明的照射范围大，对夜间照明具有很强的控制性。高杆柱式是作为广场的标志性景观照明存在的，一般放置的数量较少，数个即可。大型的高杆柱式照明的高度为20～40米，一般性的高杆柱式照明的高度为10～15米。高杆柱式灯具在设计时不但要考虑到夜间照明时的景观效果，还要考虑到白天没有灯光时的景观效果（图4－24）。

（2）中杆柱式

中杆柱式照明主要是配合高杆柱式照明来完成广场的整体照明，多采用扩散性的泛光照明，给人以温馨亲切的灯光效果，主要采用景观装饰灯形式（图4－25）。

图4-24 高杆柱式灯具

图4-25 中杆柱式灯具

（3）低杆柱式

低杆柱式照明主体是景观灯，主要用来营造广场的景观气氛，多设置在绿化带、空间划分带，一般高度在90cm以下，用低矮的灯光营造亲切的气氛并造景（图4-26）。

图4-26 低杆柱式灯具

图4-27 脚灯式灯具

（4）脚灯式

脚灯主要是在人的脚下、花坛边缘、台阶下面等跟人的脚高度相对应的高度处。主要是和低杆灯一起营造广场的光景观（图4-27）。

4.4.5　广场其他公共环境设施

除了上述的几种公共环境设施外，广场的其他公共环境设施还包括导向设施、游乐设施、购物设施、花坛等，关于这些公共环境设施将在后面章节进行详细说明。这里介绍一下广场上的花坛设计。

花坛在广场中常见，不论是商业街广场、车站广场还是文化广场，只要有植物、花卉的地方就可以看到花坛。

花坛的主要类型有单体型、围合型和结合型。

（1）单体型

单体型的花坛一般是由工业化产品设计的手法设计生产的，从某种意义上说，这样的单体花坛更像是一个传统意义上的产品。这种花坛一般使用在较精致的广场花卉设置中，没有很大的尺寸，比较小巧。图4-28、图4-29所示的就是这一类型花坛设计的代表，其中工业设计的痕迹很明显。

这一类花坛的设计倾向于精致地点缀在广场上，而不是大面积地摆放，是一种点缀型的花坛。

图4-28　豆形单体型花坛

图4-29　单体型花坛

（2）围合型

围合型的花坛，一般是花坛本身面积比较大，一般的单体花坛已经无法容纳，或者容纳对材料的要求比较高，成本也相对较高。围合型的花坛主要是对已有花坛进行围合，其造型也会跟着花坛本身的形状变化。

围合型花坛设计主要是设计某一个单元模块，然后可根据花坛自身形状的变化进行相应的围合。单元模块有时候是一个，有时候也可以为数个，相互组合形成对花坛的围合（图4－30）。

图4－30 围合型花坛

（3）结合型

结合型花坛主要是花坛和其他公共环境设施相结合，如同座椅的结合等。这一类花坛能利用较小空间进行多种功能的整合，独树一帜（图4－31）。

图4－31 结合型花坛

还有一类结合型的花坛设计，虽然现在还没有应用在广场公共环境设施上，但是也值得一提，就是如图4－32所示的依附于建筑边沿的花坛（planter）设计。实际上就是一种户外的植物容器，也可以视为花坛的一种。

图4-32 依附型花坛

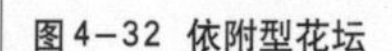

4.5 城市广场的公共环境设施设计教学案例

4.5.1 公共座椅设计

(1)不锈钢板式公共座椅设计

学生进行公共座椅的设计前，重点了解公共座椅的类型和设计原则，以及对材料的选择性。

前期调研后发现问题：

①现实生活中大部分公共座椅都不符合人机工程学，人们坐在上面的感觉不够舒适。

②现实生活中大部分的公共座椅并非是为人们“坐”而设计的，更多的公共座椅都是环境设计师在设计城市景观或环境时的一种附带品。特别是户外公共座椅。

③大部分的公共座椅都很容易脏，而人们坐的时候，就算是想清理干净，也是一件很困难的事，这是因为公共座椅的材料是以木材和石材为主。

④大部分的公共座椅在材料的使用上很浪费，没有体现“绿色设计的概念”。

解决方案：

①座椅的各项尺寸数据参考人机工程学的有关资料，充分考虑人的生理需求。

②利用不锈钢或者表面光滑的材料，解决公共座椅难清理的问题。

③座椅的分布各异，使使用人群有很好的选择范围。

④在加工工艺上采用一块板加工成的方法，有效地解决加工过程中的浪费问题，同时也减少了加工环节，减少了产品的制作成本。

根据前期调研，设计定位后的构思过程如图4－33、图4－34所示。

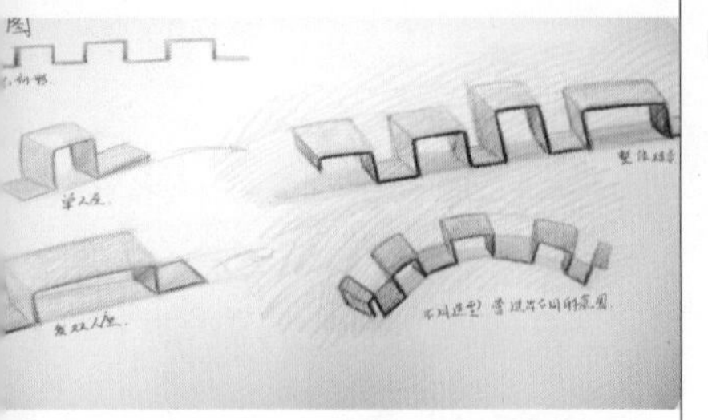

图4－33　部分构思草图

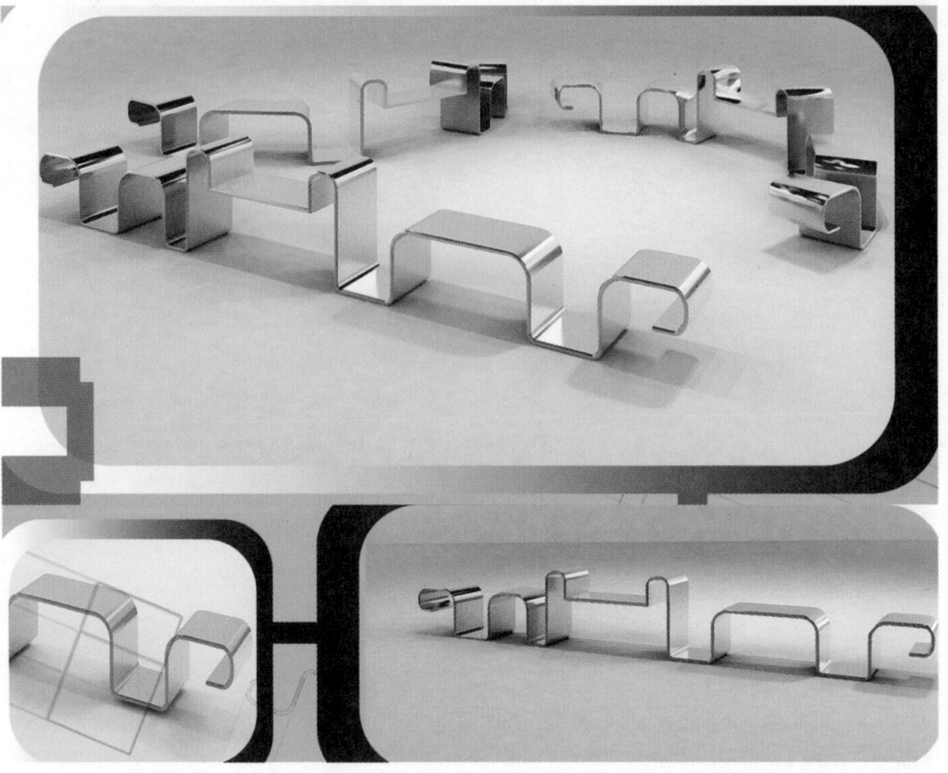

图4－34　公共座椅设计效果图

设计说明：

该公共座椅的设计思维是在发现现实生活中的公共座椅诸多问题的基础上形成的。整个产品从“以人为本”、“绿色环保”的设计理念出发，在产品各项尺寸数据上严格参考了人机工程学的相关数据，使人们在使用该产品的时候感觉舒适。整件产品采用一块不锈钢板加工成形，有效地节省了加工成本；同时由于少用了很多工艺步骤，大大节约了成本和加工程序；由于该产品使用的是不锈钢材料或者其他光滑材料，这样人们在使用该产品的时候就可以很容易清洁。由于其材质及造型显得时尚、科技、人性化，该产品适合放在休闲娱乐广场、办公等公共场所。

（2）公共座椅设计

图4－35　公共座椅所在环境特征

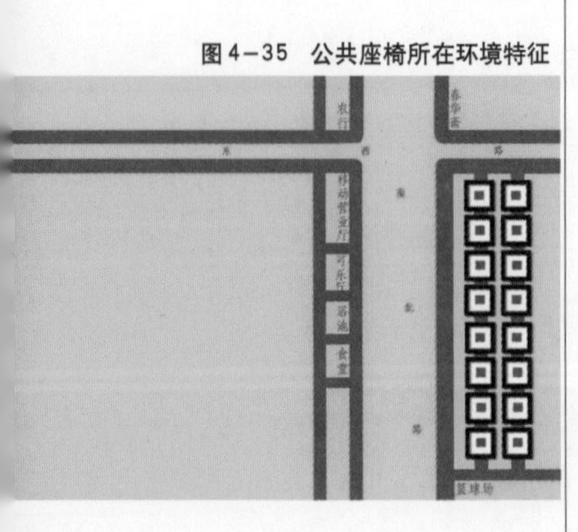

设计定位：公共座椅的设计位置选择在某校园的学生宿舍区（如图4－35所示的黑色方框区域），其设计定位在学校生活与学习的各类人群，目的是为使用者在使用的同时感受生活的情趣与关爱。

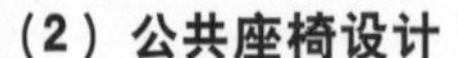

人流分析：

①去银行取款的人群。

②去营业厅办理业务的人群。

③去浴池洗澡的人群。

④去食堂吃饭的人群。

⑤去篮球场运动的人群。

⑥上课下课经过的人群。

⑦进出宿舍经过的人群。

根据人流分析可判断该区域流动性和公共性的突出特点。根据人流的主体学生来分析使用者的心理，有以下两个特点：

①向内性：趋向于内心，使用者不希望被路人关注。

②向外性：趋向于环境，使用者希望被关注，或者变为主动欣赏周围的风景。以公共座椅区域作为新的窗口，使用者利用该窗口形成对外交流的媒介。

设计分析过程如图4－36～图4－39。

图4－36 草图分析

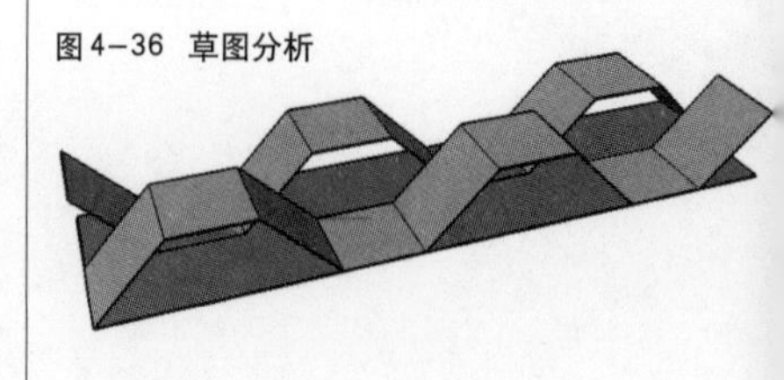

图4－37 草模细化

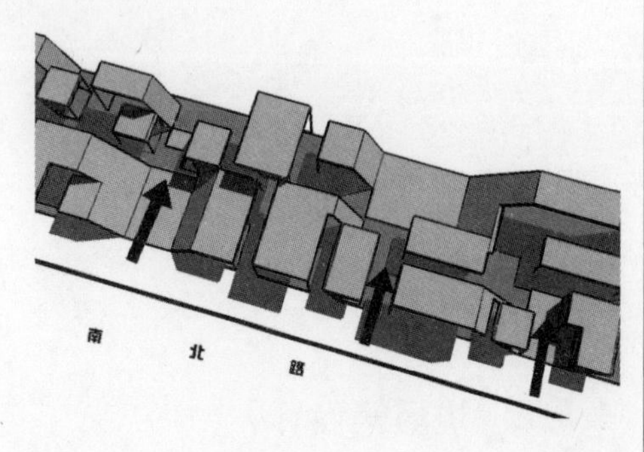

为了迎合周边环境，内外呈条带式发展趋势，并且相互错开，留有一定的活动空间。

依据周边环境，公共座椅的设计具有指向性，分别来自内部和外部，外部指向希望被关注的人群，内部指向不希望被关注的人群。

空间的暗示为使用者提供了空间上的指引性。方案推敲的最终流线型没有打破最初的条带式元素，只是在空间上将平面打散重组。

设计：陶智妮，指导：张小开

设计说明：

该公共座椅的使用范围是学校宿舍区，以学生为主的使用人群，以活泼的氛围烘托校园环境。使用者以该座椅为窗口进行向内性和向外性的交流。公共座椅不同于单纯的产品设计，它最终呈现的是和特定环境相互渗透的印象，并为公共空间中的各类人群提供信息交流的平台。不同的人群性格特点不同，也存在着对交流空间的不同需求。在设计中，抓住人群的性格取向加以强调选择。“选择”一词在该设计中包含两层含义，一方面体现该公共座椅是可以选择的，一方面使用者可以根据自己的性格取向选择座椅。

这一座椅设计是作者在选择现实地点和场所进行的设计，对座椅的空间和使用者的使用方式做了仔细的思考。

图4-38 功能细化

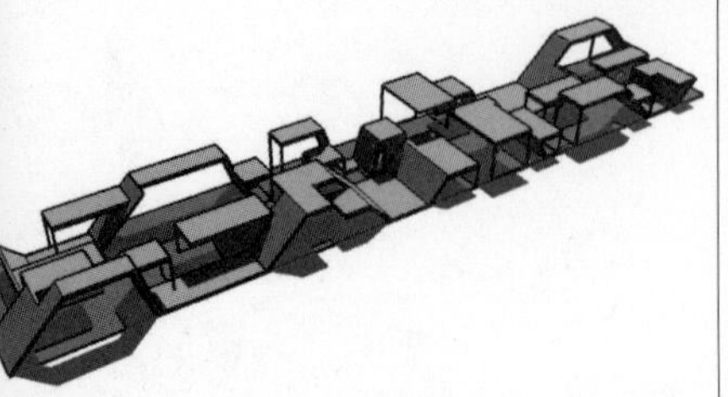

图4-39 设计效果图

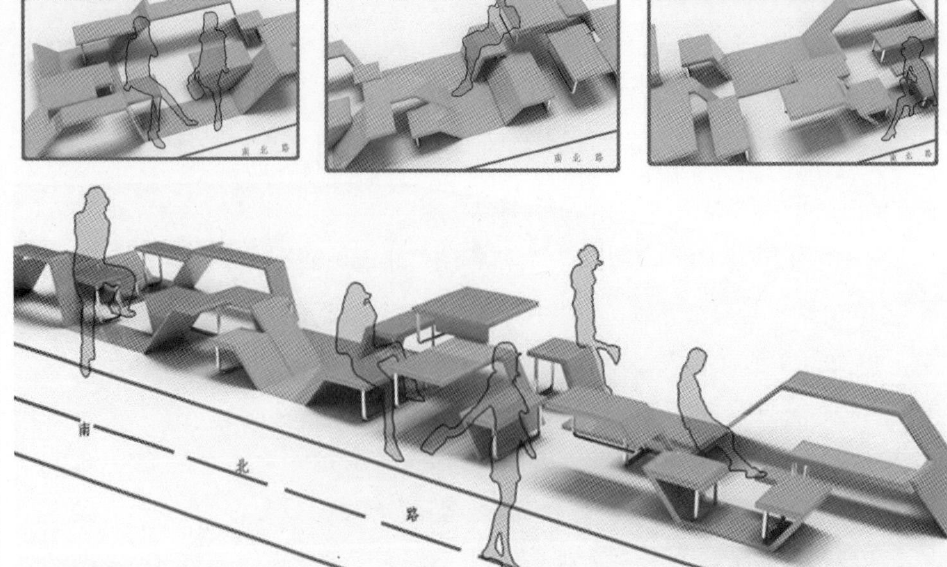

4.5.2 垃圾箱设计

(1) 电池专用垃圾箱设计

作者在前期调研中，根据实际的调研感受，选择设计了这样一款回收电池的垃圾箱。并作了相关调研。

设计调研分析：

①目前废电池回收箱非常少，造型单一，造成人的使用欲望不强烈。

②与普通垃圾相比，废电池有一定的重量，给回收人员造成不便。

③在户外使用时，密封收口处防雨性差。

④放置地点不够统一明确，未能考虑使用人群的需求，回收更不够系统化。

⑤投掷口不是太大，就是不够明确，造成准确识别率不高。

⑥未能考虑到残疾人、儿童使用的尺度问题。

⑦要增加对废电池危害的宣传普及教育。

⑧回收箱的运输问题。

设计定位：

以学生青年人为主要使用人群，以学校和居民小区为产品主要放置地点。

创新理念：

打破原有造型，使用方便回收、轻松省力、装卸简便、运输节约的空间（图4-40）。

作者对电池专用垃圾箱的结构分析见图4－41。最终效果图如图4－42所示。

（2）垃圾箱设计

设计定位：

①首先本款设计的核心理念是——解决问题，适应需求。

②尝试将有生命的植物融入到产品中，在产品和人之间建立一种情感联系，使产品富有生命力，并且激发人潜在情感，促使人们像珍爱植物生命一样爱护公共设施。

图4-40 设计草图

③公共设施不同于单纯的产品设计，它最终呈献给人的是其与特定环境相互渗透的印象，设计时应考虑其相融性。

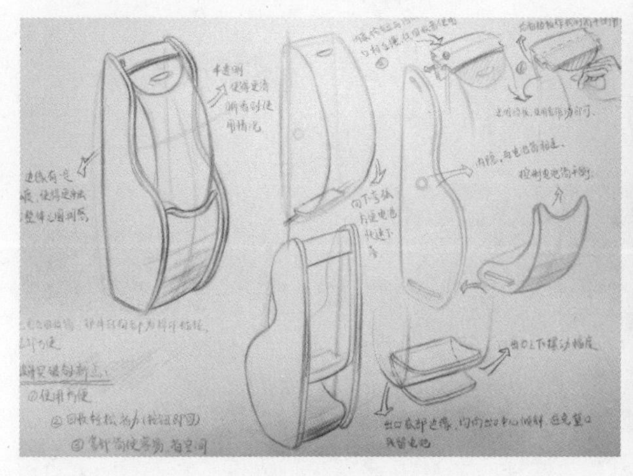

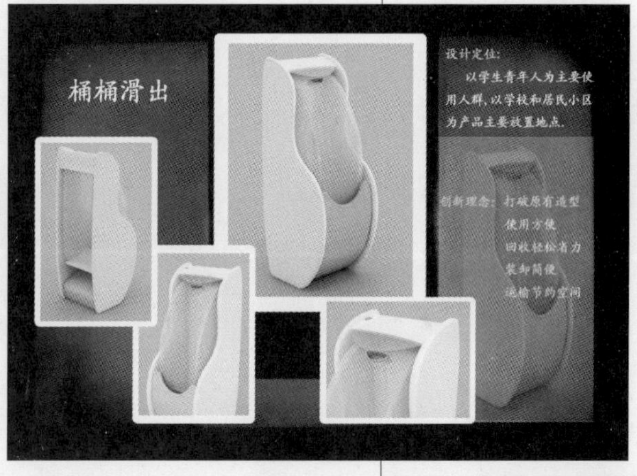

图4-41 电池专用垃圾箱结构分析

图4-42 电池专用垃圾箱设计效果图

④在中西文化交融的今天，国际文化和本土文化相结合尤为重要，传统的精髓需要现代科技来演绎。

⑤实用功能是产品设计的基本要求，人机工程学是公共设施设计必须要研究的要素。

⑥设计首先是满足使用功能，在此前提下应视其特点而增强精神功能，从而使使用者与产品进行全方位接触，得到精神和物质多重享受。

⑦可行性与创造性有时相互抵触，但可行性又是产品设计最终完成的必要途径。

设计草图及最终效果图如图4－43、图4－44所示。

设计说明：

本款垃圾箱设计重点是将绿色植物融入到公共设施当中，从而增加其亲和力，改变以往人们对垃圾箱的观念，另外，绿色植物的合理利用很好地充当了公共设施与环境、城市人群的交流媒介，也可以更好地适应生态城市发展的步伐。

图4—43 设计草图及分析

图4—44 垃圾箱设计效果图

5

城市商业街公共环境设施设计

5.1 城市商业街的空间特征

5.1.1 城市商业步行街的概念

城市商业步行街是一个集购物、休闲、娱乐、展示、观光、餐饮等多种功能的综合购物场所。步行街(pedestrian mall),“pedestrian”一字的原意是“on foot”，即步行的意思，“mall”则是指一种宽敞而供步行的林阴大道，“pedestrian mall”即指供人徒步而不受汽车干扰的街道。从专业角度来讲，“步行街”又称为“行人徒步区”(traffic free zone)。在步行街道两边设立诸多的商店、各类公共设施以及绿化带，便形成了我们今天所说的城市商业步行街，它是现代城市人购物休闲活动的重要场所。商业步行街通常布置在城市的商业中心街区内，是城市街道的一种特殊形式，主要功能是会集、疏散商场内的人流，并为其提供适当的休息和娱乐空间，创造出既安全、舒适又方便的购物环境(图5-1～图5-3)。

图5-1 北京王府井商业步行街
图5-2 步行街的休息区域
图5-3 传统商业步行街

5.1.2 城市商业步行街的发展

现代步行街的概念最早出现在欧洲。早在1926年，德国的埃森市根据城市结构紧凑、人口居住密度高的特点，尝试在“林贝克”大街（Linbecker street）禁止机动车辆通行，并于1930年建成林阴大街，成为现代商业高度集中吸引人们购物为主的步行街。世界各地大多数城市建设的步行街都是以商业目的为主，步行街一开始就与商业有着不可分割的关系。20世纪60年代以后，随着私人小汽车用量爆炸式增长，欧美各国城市面临日益严重的诸如交通混乱、步行者安全受到威胁，空气质量下降、环境污染，中心区特色丧失，吸引力下降、逐渐衰退的城市问题。为了摆脱这种困境，人们从欧洲早期的步行街发展中受到启示，商业步行街成为复兴城市中心区的良策，商业步行街几乎是同时在发达国家迅速地发展起来。德国的慕尼黑、科隆，意大利的米兰、佛罗伦萨，法国的巴黎、里昂，西班牙的巴塞罗那，美国的旧金山等都建设了亲切宜人的商业步行街，并取得了良好的综合效益。

20世纪80年代，我国许多城市开始纷纷规划和建设现代商业步行街。建设步行街也成为城市建设和更新的重要内容。经过一系列改造重组，形成了一些代表城市形象的著名商业步行街，如北京的王府井商业步行街、上海的南京路商业步行街、天津的和平路商业步行街等。这些城市中心的商业步行街作为优秀的旅游景点和商贸中心，既保持了传统商业街道的艺术魅力，又融合了购物中心所具有的安全、舒适、多功能的特点，并且从外部形象到内部功能结构以及服务水平，都是城市最具标志性的街区，城市的个性与精神风貌在这里得到集中体现。

5.1.3　城市商业步行街的类型

根据交通组织方式，商业步行街可以分为三类：全步行街（无任何车辆，只供步行者使用，禁止任何机动车辆通行）；公交、步行混合街（只允许公共汽车、电车、出租汽车及专门的公共电瓶车通行，但均不准停车）；半步行街（以步行交通为主，只允许在本街道内转运的公共交通工具进入，不允许私人小轿车或其他车辆进入，也不许在街旁停车）。根据空间形态的不同，商业步行街又可以分为三类：开放式步行街（指道路上方没有任何构筑物体的步行街，行人可以充分感受自然的日光和空气）；半封闭式步行街（一般与沿街的建筑形式有关，同时也可以抵消一些雨雪天气对步行街的影响）；封闭式步行街道（步行街顶部空间由巨大的顶棚完全覆盖，效果类似于大型室内购物中心，封闭式步行街多建在自然气候条件恶劣的地区）。见图5－4、图5－5。

图5－4　开放式步行街

图5－5　封闭式步行街

5.2 城市商业街人的行为特征

丹麦著名建筑师扬·盖尔先生在他的名著《交往与空间》中将公共环境中的户外活动范围分为三种类型：必要性活动、选择性活动和社交性活动，商业步行街中的行为也可以这样来划分。在商业步行街中使用者的活动可以分为购物、休息、饮食、观赏、娱乐、交往等。

调查显示，市民中约60%的人前往步行街的活动目的是购物，其余为观光旅游、日常休闲等。

（1）必要性活动

必要性活动是人们在不同程度上都要参加的活动，一般来说，在商业步行街中购物行为即是如此。社会经济发展到今天，购物行为作为必要性活动的比重比过去大大增加了。必要性活动主要集中在商店内部、商业街和节点广场上，特征是散漫而间断的步行及停留，它满足人们对商品物质的需求。在这过程中，便捷安全的交通条件、多样的选择性、购物的趣味性都是购物者考虑的重要因素。

（2）选择性活动

这类活动只有在人们有参与意愿，并在情况适宜的情况下才会发生。其中在步行街中的选择性活动一般有驻足、小坐休息、聊天等。这类活动受空间环境质量的影响较大，只有在场地和设施环境布局了人们驻足小憩、饮食、玩耍的空间时，大量的各种选择性活动才会发生。商业步行街选择性的活动有：

①休息：是使用者逛街购物后不同程度的放松，而休息活动基本上都不是单一的，往往伴随着其他活动的同时进行，如欣赏、交流、阅读、等候等。休息时的人群也有独处与群聚两种倾向，他们对空间的要求也有很大差别。

②观赏：步行商业街的观赏是伴随着其他活动同时发生的，人们可以边走边看，其对象几乎包括商业空间环境中的一切人和事物。如街道的绿化、雕塑、喷泉小品，来来往往的行人等。

③饮食：这种活动是随意性的，常常与休息、交往相伴产生。这种自发性活动体现了人们较多的户外生活需求，是生活的乐趣所在，会令整个商业街道显得富有生活情趣。

（3）社交性活动

社交性活动大多情况是由必要性活动和选择性活动引发的，这种连锁反应意味着只要改善公共空间中必要性和选择性活动的条件，就会使社交性活动大大增加，从而吸引更多的人参与。其中主要的活动有：

①娱乐：当今商业性的步行街道上娱乐活动频繁可见，商家们为了争取消费者，采用了各种刺激销售的娱乐活动，这样不仅给经营者带来经济效益，同时也具有更广泛的社会效益，为城市生活提供了丰富多彩的外部空间。

②交往：商业步行街道是一种非正式的、具有较大偶然性的交往活动场所。作为城市公共活动的场所，商业步行街提供了与人交往的机会，它受环境影响较大，多设置一些可供人们交流的活动空间与相应的公共设施可以增加人们的交往行为（图5-6、图5-7）。

图5-6　购物活动

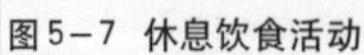

图5-7　休息饮食活动

5.3 城市商业街的公共环境设施

在步行商业街中，使用者的活动可以分为购物、休息、饮食、观赏、娱乐、交往等，以上的几种活动形式是商业步行街中基本的活动。在商业步行街中设置合理的、必要的公共环境设施，提供良好的、充满活力的购物环境，可以增加商业街使用频率。人们对商业街道的要求不单是购买、选择活动的连续性，还包括进行社会交往活动的可能性（表5－1）。

表5－1 商业街公共环境设施重要程度一览表

设施类别	设施名称	重要性	设施类别	设施名称	重要性
休息类设施	座椅	■	管理类设施	管理亭	□
	凉亭	□		消防栓	□
	棚架	□		配电箱	□
信息类设施	公用电话亭	■		窨井盖	□
	街钟	□	商业类设施	售货亭	■
	邮筒	□		书报亭	□
	广告牌	□	自助类设施	自动售货机	■
	广告塔	□		自动查询机	□
	标识牌	□		自动售票机	□
	路牌	□		信息终端	□
	导游图	■	观赏类设施	花坛	■
	电子问讯装置	■		景观小品	□
交通类设施	候车亭	■	游乐类设施	健身设施	□
	护柱	□		游乐设施	□
	护栏	□	照明类设施	路灯	■
	自行车停放架	□		草坪灯	□
	交通信号	□		庭院灯	□
	停车场装置	□		霓虹灯	□
卫生类设施	公共厕所	■		投光照明	□
	垃圾箱	■	无障碍设施	残疾人坡道	■
	烟灰筒	□		专用电梯	□
	饮水器	□			
	洗手池	□			

5.4 城市商业街公共环境设施设计

5.4.1 设计要求

在商业步行街中，购物和步行这两个要素自然地结合在一起，相互起到了促进作用，以步行交通为主，大大改善了购物环境，使得人们自由、舒适地享受购物的乐趣。同时，人们在购物过程中也能重新体会到户外步行以及相互交流的乐趣，从而激发人们对户外公共生活的追求。合理的人流组织、合理的导向设施就尤为重要。在步行环境中，除空间序列的组织能起到导向作用外，城市公共设施的信息指示设施将起到十分重要的作用。

步行环境下，不论是必要性活动中的购物，还是选择性活动中的观赏、休息，或者社交性活动中的娱乐，这些主要的行为的实现都依赖于城市公共设施的支撑。在静态休息区，设计提供充足完备的服务设施，如座椅、售货亭、自动售货机、垃圾箱、电话亭、路灯等，灵活方便地满足人们的需求。

5.4.2 商业步行街中重要的公共设施

(1) 售货亭

售货亭是比较传统的商业街道设施。一般面积2～3m^2，高度3.5m以下，可容纳1～2名销售人员。它的造型非常丰富，形式也多种多样，从形态上分主要有几何形、不规则形、仿古亭形和充满现代幻想的生物形式等，材料也多采用塑料、木材、铝合金、玻璃等。色彩新颖大胆、美观大气，与周围的商业环境融为一体，成为景观环境中的亮点。售货亭的结构可设计成可伸缩或者可拆卸的形式，具有更大的灵活性；多采用通透形式以增加商品展示的界面，便于销售；由于商业街道的人流量较大，设置的时候应注重人流的活动路线，考虑设置的位置和朝向，以便人们识别和购物。售货亭设计时还可以附加遮阳伞、桌椅、垃圾箱的设施，设立相对独立的空间小环境，方便消费者小憩（图5－8～图5－15）。

图5-8～图5-15 商业售货亭

（2）自动售货机

自动售货机具有节省劳动力、延长营业时间、有效地利用空间、方便人们出行等优势。这种代表先进自动化科技的新型商业街道设施，受到了人们的广泛欢迎，发展也十分迅速。自动售货机的造型基本上以方型为主，正面大多数是透明玻璃，便于展示商品。自动售货机高度一般在2m左右，宽度为0.8～2m。自动售货机应包含内部自动机械、贮存空间、展示空间、按键、投币孔、显示屏和出货口等，造型设计与色彩应与商业街道的整体形象相符（图5－16～5－19）。

图5－16～图5－19　售货机

（3）电话亭

电话亭是常见的城市信息设施之一，虽然在城市里有很多市民已有了移动电话，但如忘带手机或者手机没电的时候，老人、儿童急需帮助或者报警时等都需要公用电话。同时，电话以独特的造型和风格，丰富着城市公共空间。电话亭的设计不仅重视其使用性，还特别强调造型的艺术性。商业街的电话亭形象地反映着一个国家或地区通讯技术的发展状况，也显示着环境条件是否进入国际化程度。

商业步行环境中的电话亭一般为100～200m设置一个。公共电话亭有封闭式、敞开式、附壁式三种形式，其中封闭式的高度为2～2.4m，面积从0.8m×0.8m至1.4m×1.4m，具有隔音效果好、防风防雨、私密性强的优势；敞开式、附壁式具有占地面积小、灵活方便、便于维修的优点。

欧洲早期的电话亭是用木头或铁制成。而现在的电话亭则主要是以铝型材、不锈钢或钢嵌窗格玻璃、木材等材料构成，还有用强化玻璃制成的无框格玻璃门。电话亭的形式很多，既有符合都市的现代感造型，也有具有民族特色和采用传统设计符号的造型。

公用电话亭处于商业街道的整体环境中，要与环境相和谐，设计时应注重造型结构新颖、材质耐用、色彩统一、维修方便等因素。在设计时要考虑使用者需要，设有灯具与搁包台等方便人使用的配套设施；还有私密性的要求，要注意适当的分隔。为了方便残疾人与儿童，电话机设置距离地面约50cm高度，同时还要能容纳轮椅进出。现代电话亭的造型应打破方盒子样式，设计出形式多样、充满想象力的造型，使之成为城市商业空间中一道靓丽的风景线，同时也彰显出现代都市的生机与活力（图5－20～图5－27）。

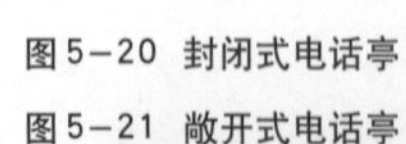
图5－20 封闭式电话亭
图5－21 敞开式电话亭

图5-22～图5-24 敞开式电话亭

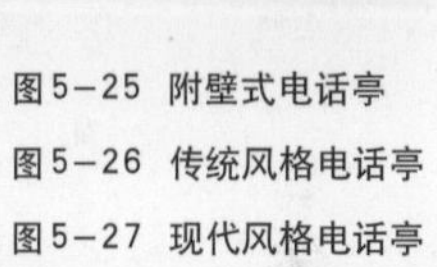

图5-25 附壁式电话亭

图5-26 传统风格电话亭

图5-27 现代风格电话亭

5.5 城市商业街公共环境设施设计教学案例

5.5.1 上海南京东路商业步行街公共设施

拥有100多年历史，全长1599m的南京东路是上海市繁华的购物街、中心商业区的核心组成部分。它吸引着众多上海市民及海内外游客，享有“中华第一街”的美称。它不仅是上海市的标志，展示着上海的历史底蕴与时代功能形象，也是广大市民及游人活动的重要场所。南京路步行街改造工程始于1998年末，一期工程完成于1999年9月末，被列为上海市国庆献礼的重大工程。在南京路步行街的规划设计不仅体现历史主义与城市主义的思考，更重要的是体现了对人本主义的追求，设计中以人的尺度、人的需求及人的活动为根本出发点，充分提供各种公共服务设施，并与周围的建筑相协调。

根据步行者的活动特征分析，南京东路商业步行街大致可以分为两类：一类是动态特征，表现为购物，观光者从一处向另一处流动，此类活动要求在流动中应畅通无阻；二是静态特征，包括指示、问讯、休憩、餐饮、交谈等活动，此类活动则不希望受到人群干扰。

设计中，南京东路路中线以北布置一条4.2米宽的“金带”，以此为核心，限定动、静两种活动的不同区域，尽可能进行中性化处理。而“金带”则设计成静态休息区，提供充足完备的服务设施，如电话亭、售货亭、垃圾箱、路灯、座椅等。在中心商业区中，公共服务设施的利用频率非常高，良好的公共服务设施体现对人的关怀，也反映着较高的环境质量，南京路的步行街公共设施集中布置于“金带”中，形成连续的公共服务设施带。公共服务设施具有连续性，完整可见，又便于人们穿行，成为一条街道两侧步行空间的过滤带。设计中将街道家具组成街段单位，以售报亭为基本单位，每72米形成一标准单元，每单元中配置一组电话亭、四组花坛、座椅若干、垃圾箱、灯箱广告，形成富有韵律的透视效果。

“金带”上还选用了三组铸铜雕塑，分别为“三口之家”“少妇”“母与女”，均采用了真实比例写实的手法，人物造型栩栩如生，为步行街营造了祥和温馨的气氛。

以人为先，交叉车行道与步行街的分割处设置有间距3m、直径600mm的球形路障，并铺以地灯照明提示。

值得一提的是“金带”上的37个窨井盖都有特殊处理，每个窨井上都刻有不同的图案，为上海开埠以来各时代代表性建筑物和构筑物浮雕，并标明建筑年份，全部用合金铜浇铸。37个窨井盖浓缩了上海百余年来城市建设的发展史（图5-28～图5-32）。

图5-28 南京路商业步行街入口

图5-29～图5-32 南京路商业步行街公共设施

5.5.2 天津意大利风情街

公元20世纪初的天津，曾经有8个国家在此设立了租界。洋人们在这里建造了不少欧式风格的建筑，供自己办公和居住。1900年义和团运动失败，腐败的清政府和11国的代表，签订了屈辱的《辛丑条约》，意大利借此在天津获得了设立租界的权利。意大利的租界地点就位于现在北安桥和天津火车站之间。1902年，意大利任命一个叫费洛梯(Filete)的海军陆战队的中尉做项目经理，负责意租界的规划和建设。古罗马帝国的后代不愧为建筑天才，在异域他乡，也不忘将自己最经典的东西展示出来。在租界建设过程中，以马可波罗广场为中心建造了完整的道路网及完备的公用设施，建造的房屋以意大利花园别墅为主，并严格规定沿街建筑不许雷同。1998年作为海河综合开发建设中的重要组成部分，天津启动了意大利风情区的开发建设，充分利用这个地区独特的历史文化资源，以体现浓郁的意大利风情为宗旨，将风情区建设成为集旅游、商贸、休闲、娱乐和文博为一体的综合性多功能区，现在一个崭新的风景区展现于世人面前（图5－33～图5－44）。

图5－33～图5－44 天津意大利风情街

5.5.3 天津古文化街公共设施设计

设计说明：根据古文化街的实际环境，提取建筑门窗的装饰图案，体现中式造型风格，材料采用金属、木材和玻璃相结合，公共设施造型亲切、牢固，设计追求古朴、现代相融合的风格（图5－45～图5－54）。

设计：马倩　　　　指导：毕留举

图5－45、图5－46 环境调研分析

图5－47 垃圾桶设计

图5－48、图5－49 座椅设计

图5－50 设计草图

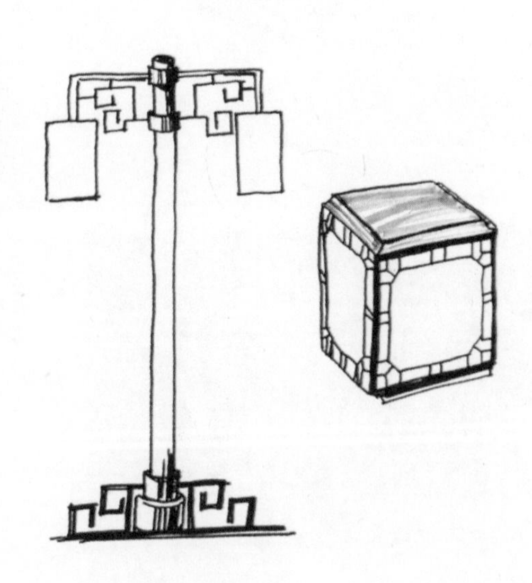

图5-51　标志牌设计

图5-52、图5-53　路灯设计

图5-54　电话亭设计

5.5.4　狄奥酒吧街公共设施设计

设计说明：整体造型风格突出“酒”文化的特点，以酒器具为设计元素，彰显现代时尚的特征。景观灯追求“隐”与“显”的特点，灯光由下到上逐渐减弱，既满足照明的使用功能，又减弱了光的污染。隔离护栏设计成隔离性强和隔离性弱两种形式。公交站牌、广告牌、导向标志牌造型设计大方简洁，便于加工和降低成本。色彩上采用红和黑相组合，具有酒的香醇和厚重历史的意蕴。

本设计主题鲜明突出，整个区域公共设施风格统一，设施的结构设计明确简洁，符合公共设施设计的原则。且能够从造型、结构与造价方面综合思考，而没有追求奢华的设计风格，是值得肯定的（图5－55～图5－59）。

设计：牛国栋　　　指导：毕留举　方向东

图5－55 护栏设计
图5－56 广告牌设计
图5－57 公交站牌设计
图5－58 标志牌设计
图5－59 灯具设计

6

城市居住区公共环境设施设计

6.1 城市居住区的空间特征

6.1.1 城市小区的概念

住宅小区也称“居住小区”，是由城市道路以及自然支线（如河流）划分，并不为交通干道所穿越的完整居住地段。住宅小区一般设置一整套可满足居民日常生活需要的基础专业服务设施和管理机构。

现代城镇住宅分类方法很多，按照住宅层数分类，可分为低层住宅（庭院式住宅）、多层住宅、高层住宅（超高层住宅）；按照住宅承重结构所选用的主要材料分类，可分为混合结构住宅（砖木、砌块、砖混、钢混）、大模板结构住宅（内外墙现浇、内墙现浇外墙挂板，内墙现浇外墙砖砌）、框架轻板住宅、简单结构住宅（干打垒、生木结构、拱券结构、竹木结构、泥石结构、轻钢骨结构）；按照住宅的平面布局分类，可分为点式（墩式、塔式）住宅、条式（板式）住宅；按照住宅设计特点分类，可分为内廊式住宅、外廊式住宅（筒子楼）、退台式住宅（台阶式住宅）；按照错层结构分类，可分为跃层式住宅（复式住宅）、错层式住宅（梯间式住宅）；按照住宅的用途和功能分类，可分为普通住宅、青年住宅、老年人住宅、残疾人住宅、别墅式住宅（庭院式住宅）。

住宅小区就其特性而言有如下特点：

①规划建设集中化，使用功能多样化。

②楼宇结构整体化，公共设施系统化。

③产权多元化，管理复杂化。

6.1.2 城市小区空间构成设计

(1) 空间构造

一个场所通常具有一个可以影响人的力场。这种场是一种言语。自然之力在意念中对人产生着影响，而且只有当人有意识地去接受它时才变得更为清晰。可见创造空间场所具有的重要性。我们在营造小区空间时，会对景观做一定的功能区分，但通常以以下几种形式作为基础，掌握了它们的制作、效果等内容，也便是掌握了设计小区空间的基本方法。

①挡土墙。挡土墙所采用的形式一般要根据建设用地的实际情况，再经过结构设计来确定。从结构形式分，主要有重力式、半重力式、悬挂式和扶臂式4种。从形态上分，有直墙式和坡面式。挡土墙必须设置排水孔，一般为每$3m^2$设置一个直径7mm的排水孔。墙内宜铺设渗管，防止墙体内存水。钢筋混凝土挡土墙必须留设伸缩缝，配筋墙体每30m设一道，无筋墙体每10m设一道。

②坡道。坡道是交通和绿化系统中重要的设计元素之一，直接影响使用和感观效果。居住区道路最大纵坡斜角度不应大于8%，园路不应大于4%，自行车专用道路最大纵坡控制在5%以内，轮椅坡道一般为6%，最大不超过8.5%，并采用防滑地面，人行道纵坡不宜大于2.5%。园路、人行道坡道宽一般为1.2m，但考虑轮椅的通行，可设定为1m以上，轮椅交错的地方其宽度应达到1.8m。

③台阶。台阶起到不同高程之间的连接作用和引导视线作用，它可丰富空间的层次感，尤其是高差较大的台阶会形成不同的近景和远景效果。台阶的踏步高度和宽度是决定台阶舒适性的主要参数。台阶的踏步高度以15～25cm为宜，一般室外踏步高度设计为12～16cm。低于10cm的高差，不宜设台阶，可以考虑做成坡道。台阶长度超过3m或需改变攀登方向的地方，应在中间设置休息平台。平台的宽度应大于1.2m，台阶的坡度一般要控制在1/4～1/7范围内，踏面应做防滑处理，并保持1%的排水坡度。为了方便晚间行走，台阶附近应设置照明装置，人员集中的场所可依据水流效果确定，同时也要考虑儿童进入时的防滑处理。

④花盆。花盆是景观设计中传统种植器的一种形式。它具有可移动性和可组合性，能巧妙地点缀空间，烘托气氛。花盆的尺寸应适合所栽种植物的生长特征，有利于根茎的发育。花盆用材应具备一定的吸水、保温能力，不容易引起盆内过热和干燥。花盆可独立摆放，也可以成套摆放，采用模数化设计能够使单体组合成整体，形成大花坛。花盆用栽培土，应具有保湿性、渗水性和蓄肥性，其上部可铺撒树皮屑作覆盖层，以起到保湿及装饰作用。

⑤入口造型。小区入口形态应具有一定的开敞性，入口标志性造型（如门廊、门柱、门洞等）要与小区整体空间及建筑风格相协调，避免盲目追求豪华和气派。应根据小区规模和周围空间特点确定入口标志造型的体量尺度，达到新颖简单、轻巧美观的要求。同时要考虑与保安值班等用房的形体关系，构成有机的景观组合。

（2）小区空间色彩设计

不同于建筑、服装、工业产品等的色彩设计，植物作为小区空间中的主要造景元素，它决定了在大部分小区景观，尤其是城市公园、绿地中都是以绿色为主基调色，而建筑、小品、铺装、水体等景观元素的色彩只作为缀色出现。除非是在一些以硬质铺装为主的广场和主要的休息活动场地，建筑、小品、铺装、水体等所承载的色彩才会在整个小区景观空间色彩构成中发挥主要的作用，而植物色彩的作用退居其次。

但不管是以绿色为主还是以其他颜色为主，小区景观空间色彩设计都要遵循色彩学的基本原理，运用色彩的对比与调和规律，以创造和谐、优美的色彩为目标。

（3）住宅小区空间的利用

环境的主角是空间，空间的主角是人。只有空间与行为相结合，才能产生具有实际效用的场所。好的小区景观不仅仅是为了达到人与自然接触、交流的目的，更重要的是增进人与社会的接触，即人际的交流沟通，促进一些社会行为的发生。这需要两个前提条件：适宜的空间和充分的活动支持。

为了使所有的空间都能为居民所乐于利用，应当把各种空间划分成分别有所归属的领域，如社区领域空间、邻里领域空间、家庭领域空间、个人领域空间等。由此呈现出公共—半公共—半私密—私密的空间序列，形成一种由外向内、由动到静、由公共性质向私有性质的渐进。序列的一端是带有阳台或庭院一类私有户外空间的私人住宅；住宅组团中的公共空间虽然是对外开放的，但由于只与有限数量的居民密切相关，因而具有半公共性质；而住宅小区中的公共空间公共性就要强些；城市街道、广场就是完全的公共空间了。各层次的领域空间有较明确的服务对象和范围，既包括用实体限定的，也包括约定俗成的，居民在心理上把这些场所看作是他们自己的，他们有权利使用，也有义务维护。在景观设计中应详细分析各层次空间使用者的类型和年龄组成，调查和推测其可能的活动内容，从而确定空间和场所的划分、设施的布置。为小区居民设计一个开展公共活动的场所十分必要，如根据使用者数量确定适宜尺度的小广场或小舞台进行社区公益活动，供居民观看表演或举行婚礼，或歌迷、球迷聚会等，能达到增强交往、维系和睦邻里关系的目的。

6.2 城市居住区人的行为特征

我们已经讨论过人在户外的行为主要有三种：必要性活动、选择性活动和社交性活动。

必要性活动包括了那些多少有点不由自主的活动，如上班、上学、候车、等候、购物等。就是那些人们在不同程度上都要参与的活动，也就是日常的工作和生活事务。这一类型的活动大多与步行有关。

选择性活动是另一类全然不同的活动，只有在人们有参与的意愿，并且在时间、地点可能的情况下才会发生。在住宅小区的自发性活动包括了散步、晒太阳、驻足观望等。

社交性活动指的是在公共空间中有赖于他人参与的各种活动：包括儿童游戏、相互问候、交谈、各类公共活动以及通过视听来感受他人。这些活动可以称为“连锁性”活动，因为在绝大多数情况下，它们都是由另外活动发展起来的。人们在同一空间中徘徊、流连，就会自然引发各种社会性活动。这就意味着只要改善住宅小区空间中必要性活动和选择性活动的条件，就会间接地促成社交性活动。

以下是对某住宅庭园人们活动的观察：

①必要性活动：上下班人流行走路线，上午7：30，下午5：30。

②选择性、社交性活动：住宅区儿童活动，夏天上午7：00—10：00 ，下午4：30—9：00；冬天上午10：00—11：00，下午3：00—5：00。

③必要性活动：周边区域遛狗人群相聚，每天晚6：00—8：00。

④社交性活动：临时堆放的沙子成为儿童游戏区。

游戏是人们日常生活中富有情趣的一种活动，诸如运动、下棋和玩耍等都被视为生活行为的重要部分。设计师应鼓励各个不同年龄的人群参与各种游戏和活动，使他们在激烈的社会竞争中身体获得松弛，心理压力得以缓解。

交流也是小区内人们的主要行为活动。在小区中通过借助环境和景观作为行为的媒体，能帮助居民进行社会交往、思想交流和文化共享，还能为参与者提供表现自我、扮演角色的机会，把人带入多彩的生活世界。这对生活在都市里的人非常必要，同时还有助于使小区变得活跃而有生气。

老年人和儿童的活动。小区活动的主要参与者多集中在老年人和儿童，一般正常工作的人群也只有在上班之外的时间才能出现在社区。因此，景观设计应针对老年人害怕孤独、渴望交流的心理特点以及儿童活泼好动、求知欲强等性格特点，分别设置静坐、日光浴场地，儿童游戏场等主题性活动场所。同时应设置足够的场地并配以适当的道路、植物、小品和室外健身器械为居民集会、休息、晨练等活动提供充分支持。

休闲也是小区的主要活动之一。现代人在繁忙的工作之余，回到家中，当然希望能自由自在地放松一下，这一类活动主要有散步、业余爱好、看书等，或者就静静地坐一会儿。这些活动都是人们在小区里的主要活动。

其他的活动还有庆典、聚会、丧嫁、节日等相对较少的活动，需要适当考虑，但不是小区人们的主体活动。

6.3 城市居住区的公共环境设施

城市居民区的公共环境设施，是根据不同类型的小区和不同的人的行为而设定的，不过就一般意义来说，居民区的公共环境设施主要偏向游乐类、健身类、卫生类等，这几类是一个小区功能完善的重要支撑。

完善的公共设施和户外家具、标志物等对形成良好的活动场所必不可少。小巧的电话亭、售报摊，漂亮的钟塔，舒适的休息座椅，饮水台以及各种灯具、果皮箱、标志牌的设置，是居住区环境的点睛之笔。应组织和利用绿化、水景、铺地、建筑小品等设置场所，并配以适当的街道和广场家具供人休憩、交谈或观赏，使小区居民找回那份久违的亲切与自在。

表6－1所示的是公共环境设施在城市居民区上的重要性，黑色方框代表有较高的重要性，空心方框代表有一定的重要性。

表6－1 城市居住区公共环境设施重要程度一览表

设施类别	设施名称	重要性	设施类别	设施名称	重要性
休息类设施	座椅	■	管理类设施	管理亭	□
	凉亭	■		消防栓	□
	棚架	□		配电箱	■
信息类设施	公用电话亭	□		窨井盖	□
	街钟	□	商业类设施	售货亭	□
	邮筒	□		书报亭	□
	广告牌	□	自助类设施	自动售货机	□
	广告塔	□		自动查询机	□
	标志牌	□		自动售票机	□
	路牌	■		信息终端	□
	导游图	□	观赏类设施	花坛	■
	电子问讯装置	□		景观小品	□
交通类设施	候车亭	□	游乐类设施	健身设施	■
	护柱	□		游乐设施	■
	护栏	■	照明类设施	路灯	■
	自行车停放架	■		草坪灯	■
	交通信号	□		庭院灯	□
	停车场装置	■		霓虹灯	□
卫生类设施	公共厕所	□		投光照明	□
	垃圾箱	■	无障碍设施	残疾人坡道	■
	烟灰筒	■		专用电梯	□
	饮水器	□			
	洗手池	□			

6.4 城市居住区的公共环境设施设计

居住区的公共环境设计通过前面的分析，我们知道主要有游乐健身设施、休息设施、交通设施、卫生设施、照明设施等。这一节我们主要讨论游乐健身设施的设计，其他类别的设施设计在其他章节已有相关论述。

6.4.1 公共游乐设施设计

公共游乐设施是儿童及成年人可以共同参与使用的娱乐和游艺性系列设施，主要满足人们游玩、休闲的需求，使人的心智和体能得到锻炼，丰富人们的生活内容。通常此类设施设置在游乐场、居民区、公园等环境中。

公共游乐设施分为观赏设施和娱乐设施。观赏设施是为游客在观光过程中提供便利的运载工具，如缆车、单轨车等；娱乐设施主要是为人们提供娱乐的玩具、器械等，如木马、碰碰车、游览车等等。但是这些主要是大型游乐设施。我们这里的游乐设施主要是指居民区、公园等的小型游乐设施，是人们日常生活中的游乐设施。

（1）公共游乐设施类型

日常生活中的游乐设施主要有以下类型（图6－1）：

①儿童游乐设施。

儿童游乐设施主要是针对儿童设置的。这一类游乐设施又可以细分为幼儿游乐设施和青少年游乐设施。幼儿游乐设施主要是针对3～7岁的低龄儿童，这一类设施需要在大人的看护下使用，还要特别注意设施的安全性。青少年游乐设施主要是针对7岁以上的儿童，设施可以适当考虑游乐和健身、智力等相关联，促进儿童的体能和智力的全面发展。

图6－1 各种公共游乐设施

针对儿童使用的游乐设施在目前的公共游乐设施中占有很大比重，以滑梯、秋千、攀登架、跷跷板、游戏墙等设施为主，兼顾儿童户外游乐的聚集性、季节性、时间性和自我中心性等特点，使儿童可以从游戏中获得经验和智力开发等。

②成人游乐设施。成人游乐设施主要是同健身等一起考虑的，这一点我们可以和下面的公共健身设施一起考虑。

公共游乐设施的材料多选择玻璃钢、PVC、充气橡胶等，主要是考虑到户外环境特点和安全性。

（2）公共娱乐设施的设计要点

①设施的安全性。这是最基本也是最首要的要求，造型、材料、结构等都要考虑这一问题。应该在游乐设施中尽量保证游乐过程的安全，即使出现碰撞，也要保证对游乐人群的伤害尽可能地小。

②设施的合理性。游乐设施应该根据不同年龄段的定位设计不同的游乐方式，游乐方式会因为孩子所处的不同的时间段而有很大不同，如3岁儿童和10岁儿童就有很大的区别。

③设施的引导性。游乐设施除了迎合儿童的游玩心理外，还要充分考虑到正确引导儿童的行为和心智的开发。这里主要从两个方面来引导，一是正确引导儿童的行为，培养儿童在游乐过程中的行为习惯，如同别人的合作、帮助别人等；二是引导儿童心智的开发，从公共游乐设施的设计中鼓励孩子们思考和提高解决问题的能力，而不是一味玩乐，这一点值得我们思考。

④设施的景观协调性。游乐设施一般情况下对周围景观有一定的装饰作用。这里一定要考虑到游乐设施同周围景观的协调性。如果是居民小区的话，可以增加其对比的装饰效果；如果是公园，可以强化其和谐的装饰效果。

⑤设施功能的开放性。公共娱乐设施设计还有一个重要的特点就是公共游乐设施在功能上不是固定的。如秋千、滑梯、游戏墙等，其主要功能并不是固定的，唯一固定的就是“游乐”功能。如图6－2所示，巴黎拉维莱特公园中的儿童娱乐设施中设计的喊话喇叭、桥的孔洞等，就是不同功能娱乐设施的设置。这样的新娱乐方式有待我们根据儿童的特性进一步开发。

图6－2 巴黎拉维莱特公园

6.4.2 公共健身设施设计

公共健身设施现在越来越被人们接受，普遍设置在居民区的公共场所之中，体现了社会对人们的关爱。这一类设施一般设置在居民区附近，但也有设置在公园、城市广场等场所的，为人们闲暇时提供了健身设施条件。它要求以人机工程学为依据和标准，强调适当锻炼人的身体。

这一类设施具有占地面积小、造型灵巧、安全性能好、易操作、趣味性、装饰性等特点，多以几种健身器械的组合形式出现，成为环境中的装饰元素。

（1）公共健身设施种类

公共健身设施一般有以下种类：

①中老年人健身设施。中老年健身设施主要是考虑到中老年人的身体特点，以适当锻炼为主，不能强度过大。如图6－3所示就是功能简单、操作简便的中老年健身设施。

②青年人健身设施。青年人健身主要考虑的是强度较大的锻炼设施。以强身健体的锻炼为主，如图6－4所示的几种不同方式的健身设施。这样的健身设施要求较大的锻炼强度，功能有相对单一的，也有相对复杂的，复杂健身工具还会在设施上附有详细的使用说明，以配合健身者的需要。

图6－3　中老年健身设施

图6－4　青年健身设施

（2）公共健身设施的设计要点

①公共健身设施的易操作性。公共健身设施在很大程度上已经没有安全性的需求，老年人用的公共健身设施功能简单、操作简便，一般不会有危险性；青年人健身设施一般其危险性也相对较小，只需适当注意即可。但是公共健身设施的可操作性和易操作性是最重要的，设施应该让所有人一看就知道怎么操作。

②公共健身设施的娱乐性。公共健身设施设计虽然重点是以健身为主，但是在健身的同时，其娱乐性也是需要重视的。让健身者在轻松愉快的气氛中健身是值得研究的。

③另外公共健身设施还应具有景观协调性和功能开放性，这一点同公共娱乐设施是一致的。

6.4.3 照明设施设计

（1）景观照明的目的主要有四个方面

①增强对物体的辨别性。

②提高夜间出行的安全度。

③保证居民晚间活动的正常开展。

④营造环境氛围。

照明作为景观的素材，既要符合夜间使用功能，又要考虑白天的造景效果，应该选择造型优美别致的灯具，使之成为居住区一道亮丽的风景线。

（2）道路照明灯具分类

道路照明灯具按用途可分为功能性灯具和装饰性灯具两大类。

①功能性灯具。灯具内装有控光部件（反光器或折光器），以便重新分配光源光通量，使配光符合道路照明要求，光的利用率得以提高，眩光也受到限制。此类灯具也有一定的装饰效果，常用于一般道路、广场、停车场等场所的照明（图6-5）。

图6-5 功能性灯具

②装饰性灯具。一般采用装饰性透光部件围绕光源组合而成，并适当兼顾效率和限制眩光的要求。这种灯具一般多用于庭院、人行道，艺术效果要求高的广场也可以采用。如图6－6所示的就是鸟巢周边的装饰性照明灯具。

图6－6 装饰性灯具

按灯具的光强分布分类，道路照明灯具可分成截光型灯具、半截光型灯具及非截光型灯具三类。

①截光型灯具。最大光强方向为0°～60°，90°方向的光强最大允许值为10cd／1000lm，80°方向的光强最大允许值为30cd／1000lm，可以获得较高的路面亮度与亮度均匀度，但道路周围地区较暗，主要用于高速公路或市郊道路。

②半截光型灯具。最大光强方向为0°～75°，90°方向的光强最大允许值为50cd／1000lm，80°方向的光强最大允许值为100cd／1000lm。它对水平光线有一定程度的限制，同时横向光线也有一定程度的延伸，有眩光但不太严重，主要用于主干道照明。

③非截光型灯具。在90°方向上的光强最大允许值为1000cd／1000lm。它眩光严重，但看上去有一种明亮感，可在车速较低的道路、景区上采用。

（3）景观环境中主要的照明装置

路灯是景观环境中主要的照明装置，它们一般排列在道路、门口、园林路径中，为夜间交通提供充足的照明，路灯的数量设置和无障碍环境的营造息息相关。由于路灯所处环境的不同，对照明方式以及灯具、灯柱和基座的造型、布置等有不同的综合设计要求。此外，路灯在环境中的作用还反映出人们心理和生理的需要。以路灯的高度为主要依据又可对其进行分类。

①低位置路灯。低位置路灯位于人眼的高度以下，即0.3～1.0米高的路灯。

它一般位于宅院、庭院、散道等较为有限的空间环境中，表现出一种亲切温馨的气氛，以较小的间距为人们夜间行走照明。埋设于园林地面和建筑入口踏步和墙裙的灯具属此类路灯的特例。满足人们夜间活动的需要，尤其是对视力退化的老年人和坐轮椅的残疾人帮助更大。

②步行和散步道路灯。灯柱的高度为1～4米，灯具造型有筒灯、横向展开面灯、球灯和方向可控制的灯等。这种路灯可设置在道路的一侧，既可等距排列，也可自由布置。灯具和灯柱造型应具个性特征，并注重细部处理，以配合人们在中、近距离的观感。为整个路面提供充足照明的同时光源又不会太强造成眩光，避免造成视觉障碍。

③停车场和干道路灯。灯柱的高度为4～12米，通常采用较强的光源和较远的距离（10～50米）。这种路灯的灯具设计要考虑控制光线投射角度，以防止对场所以外的环境造成眩光。

干道路灯照明方式分为常规照明、高杆照明和中杆照明等，这个我们在前面章节已经有所论述，这里就不再详细说明。

6.5 城市居住区的公共环境设施教学案例

6.5.1 公共攀爬架设计

设计定位：通过攀爬发展青少年四肢的力量，培养相应的协调能力。

设计：汤静妮　指导：张小开

这一款攀爬架的设计虽然造型很简单，但是功能简洁、操作简易。另外考虑到攀爬中的安全性，攀爬架的竖向褶皱造型是有利的保障，这样不至于出现攀爬过程中摔下来的情况。同时设计了竖向攀爬和横向攀爬的功能（图6－7～图6－9）。

设计调研：

公共健身设施概述：

公共健身设施越来越普及在各类公共场所中，体现出社会对人类的关爱，为人们随意运动或有目的的锻炼提供了必要的条件。

设计定位：通过攀爬发展青少年四肢的力量和相应的协调能力

发展上肢力量的器械

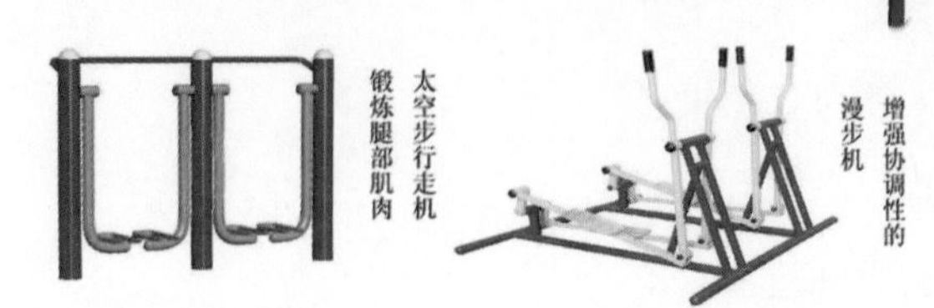

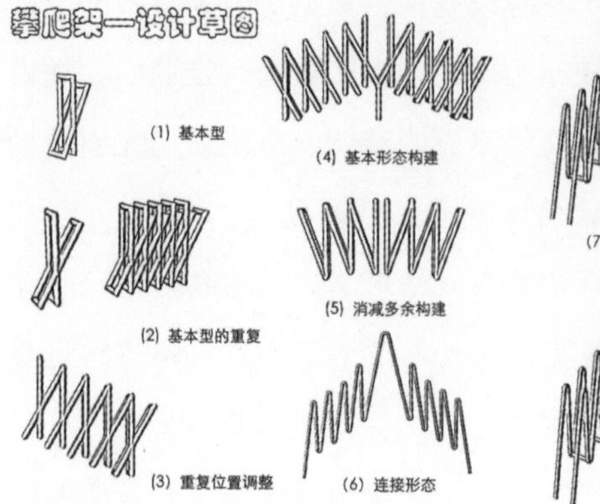

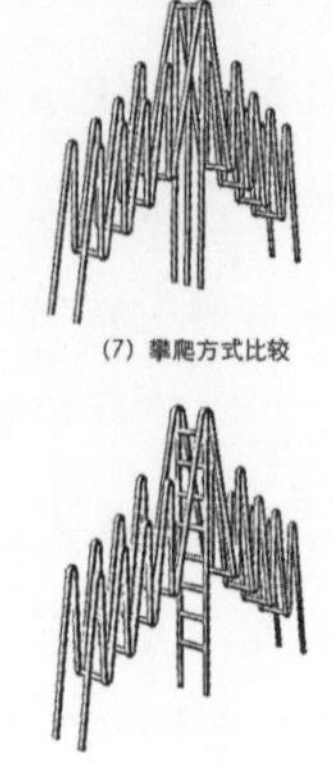

图6-6
图6-7
图6-8

6.5.2 带有游乐功能的座椅设计

发现问题：现有的公共座椅造型多变，但在空间分布上都是相对固定的。

解决问题：让座位在一定空间内活动起来，提高人机互动性。

设计定位：一款适用于年轻人的公共座椅，让人们能在一定错落空间环境下通过座椅的移动自主安排座次，寻找公共座椅中的乐趣。

实施方法：一定方向上的滑动座椅。根据调研，凳的形式更为灵活，符合设计的要求（图6-10）。

设计草图和方案效果图如图6-11～图6-13所示。

设计：汤静妮　指导：张小开

设计说明：

这是一款更适用于年轻人的公共座椅，通过座椅箱体在一定空间中的移动，从而变换座次的空间位置，改变了传统座椅的固定性，具有了一定的人机互动性。使用者可以根据不同的需要移动方块，或产生亲密的距离，或产生座椅的划分，给人提供想要的休息方式。

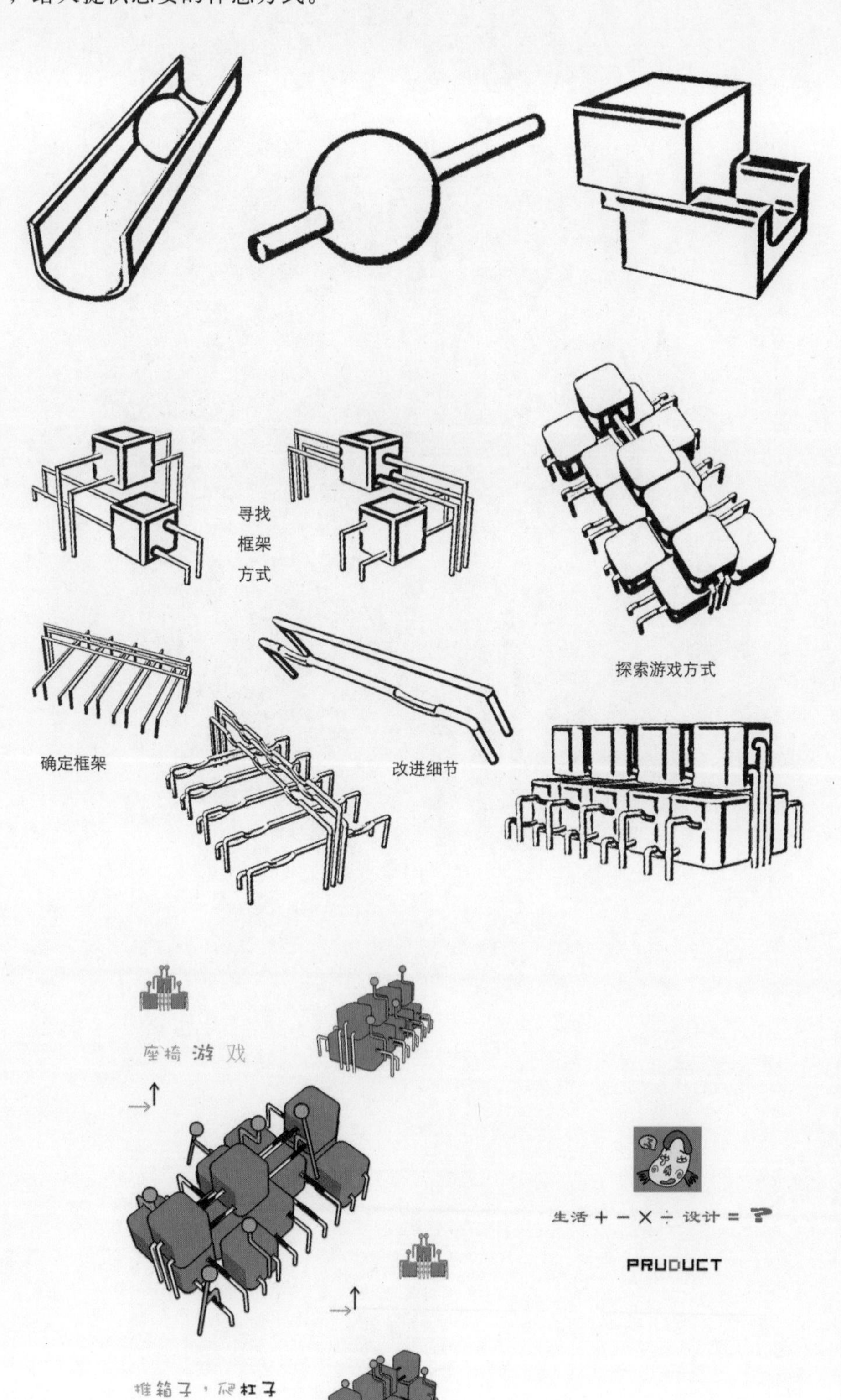

图6-10

图6-11

图6-12

图 6–13

7

城市园林景观区公共环境设施设计

7.1 城市园林景观区的空间特征

7.1.1 城市园林景观区的发展

由于第二次世界大战的影响，欧美等工业国家急于解决城市住宅以及城市发展问题，功能主义和技术主义倾向得到迅速扩张，这亦成为20世纪60年代前的主流设计思想，以勒·柯布西耶为代表的设计家将城市看作是一个“机器”。这种理论主张造就了大量标准化和机械化的城市景观。悠闲的田园景象被大量标准化和机械化的城市景观所取代，同时也暗示着工业文明带来自然景观的消退。20世纪60年代以后，随着后现代运动的兴起，城市景观的发展逐步摆脱了机械论的影响而开始走上多元化发展的轨道。

在北美，人们重视自然景观的天然特质，在城市中的公园或绿地，看不到钢筋水泥做的大门或围墙，只是在一些重要的地方矗立公园的标志。在园林绿地设施的建设中，更是尽可能采用木、石等天然材料。美国学者在《建筑评论》杂志上发表了一系列文章，从社会学的角度，对景观设计作了全面的论述，并掀起了一场“城市美化运动”，由此引发了美国现代景观设计的全面发展。在日本等很多发达国家，人们重视对园林景观设施设计研究，设施采用各种新材料、新工艺，散发着浓烈的艺术美，展现各种流派的不同风格。

城市环境是随着城市的发展逐渐形成的，同时还在动态地变化着。城市作为物质的巨大载体，为人们提供着一种生存的环境，并在精神上长久地影响着生活在这个环境中的每一个人。近年来，城市经济的发展唤起了人们对园林景观的重视，人们对自身生存环境的要求也越来越高，回归自然的生态理念带动了大规模城市园林绿地景观的出现，推动着园林景观建设的良性发展，城市面貌更具艺术特色，更有生命力，城市环境设施得到了改善，极大地提高了人们的生活质量。园林景观设施是城市环境的重要组成部分，在城市环境设计中，具有艺术性、时代感，功能和景观相结合的园林景观设施已成为现代城市的一道亮丽的风景线。它参与构筑城市形象，反映城市的文化精神面貌，对表现城市的品质和性格具有重要意义（图7−1～图7−4）。

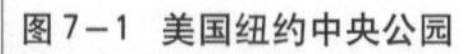

图7－1 美国纽约中央公园

图7－2 回归自然的生态理念带动城市景观兴起

图7－3 欧洲园林

图7－4 日本园林

7.1.2 城市园林景观区的类型

(1) 城市公园

公共空间与绿色生态相融合的空间便是公园。公园是城市园林景观区的重要组成部分，其主要功能包括三个方面：

①文化功能：城市公园是城市的起居空间，作为城市居民的主要休闲游憩场所。其活动空间、活动设施为城市市民提供了大量户外活动的可能性，承载着满足城市居民休闲游憩活动需求的主要职能。城市公园在物质文明建设的同时，也日益成为传播精神文明、科学知识和宣传教育的重要场所。

②环境功能：城市公园是城市中最具自然特征的场所，往往具有水体和大量的绿化，是城市的绿色软质景，起到美化城市的作用。城市公园由于具有大面积的绿化，无论是在防止水土流失、净化空气、降低辐射、杀菌、滞尘、防噪音、调节小气候、降温、防风引风方面，还是在缓解城市热岛效应等方面都具有良好的生态功能。

③社会与经济功能：城市公园可容纳一定数量的人群，满足人们户外交流活动的需要，同时城市公园可作为地震发生时的避难地，大公园还可作救援直升机

的降落场地、救灾物资的临时堆放场等。随着科学技术的发展、经济的增长和人民物质文化生活水平的不断提高，旅游已日益成为现代社会中人们精神生活的重要组成部分，城市公园可以促进旅游经济的增长（图7－5～图7－6）。

图7－5 城市绿肺
图7－6 不仅满足日常休闲，还能作为应对自然灾害场地

中国现有公园的类型包括：综合性公园、居住区公园、居住小区游乐园、带状公园、儿童公园、少年公园、青年公园、老年公园、农民公园、动物园、植物园、专类植物园、森林公园、风景名胜公园、历史名园、文物古迹公园、纪念性公园、文化公园、体育公园、雕塑公园、交通公园、科学公园、国防公园、游乐公园、文化旅游公园（如深圳的“锦绣中华”、“世界之窗”)等（图7－7～图7－9）。

图7－7 雕塑公园
图7－8 传播科普知识
图7－9 中国古典园林

（2）城市滨水景观区

滨水区(waterfront)，意为水边、海滨、湖边，作为城市与江、河、湖、海接壤的区域，它既是陆的边沿，也是水的边缘，它的空间范围包括200～300m的水域空间及与之相邻的城市陆域空间，其对人的诱致距离为1～2km，相当于步行15～30分钟的距离范围，并且不仅使城市中具有自然山水的景观情趣，还具有导向明确、渗透性强的空间特质，是自然生态系统与人工建设系统交融的城市公共开敞空间。

按空间形态分类，城市里的江、河、溪流等形成的滨水空间为带状狭长型。由于江、河、溪流的宽度不同，形成的带状滨水空间就不同。如江南水乡的滨水空间与上海黄浦江的滨水空间就明显不同，前者滨水尺度小，两岸关系更为密切；后者则完全相反。城市里的湖、海等形成的滨水空间为面状开阔型。这种滨水空间一边朝向开阔的水域，往往更强调临水一边的景观效果。

滨水区多呈现出沿河流、海岸走向的带状空间布局，通过林阴步行道、自行车

道、植被景观小品及设施等将滨水区联系起来，保持水体岸线的连续性，而且也可以将郊外自然空气和凉风引入市区，改善城市大气环境质量。同时，在这条景观带上可以结合布置城市空间系统绿地、公园，营造出宜人的城市生态环境。城市河道景观是城市中最具生命力与变化的景观形态，是城市中理想的环境走廊，是最高质量的城市绿线。现代人对城市滨水景观的要求不再是单纯地追求视觉的美感，而是包含了生态、休闲、娱乐、文化等多方面的要求（图7－10）。

图7–10 城市滨水景观

7.2 城市园林景观区人的行为特征

随着人们生活水平的提高，特别是越来越紧张的生活节奏和工作压力使人们渴望周围能有一个宜人的、放松身心的优美环境，来进行社会交往、娱乐、休憩、观赏等户外活动，这些户外活动在客观上造成了对城市外部空间从规模到质量上的期望和要求。

7.2.1 城市园林景观区空间人的心理特征

人们在城市园林景观区中发生的行为心理主要有公共性、亲水性、安全性、私密性的特点。

（1）公共性

城市园林景观区为城市居民提供了一个公共交往的场所。人们可以在此进行各种活动。许多人有组织地或自发地聚集在一起，进行休闲、聊天、打牌、下棋、健身、旅游等，通过这些活动结识朋友，开阔视野，增长知识（图7－11）。

（2）亲水性

亲水性是人在城市园林景观区环境中重要的心理特征。水是生命之源，亲水是人的本性，人们对水有着强烈的依赖性，无论是生理上还是心理上，水都是绝对不可缺少的东西。水是城市园林景观区最主要的物质元素。由于水能给人们带来丰富的心理感受，人们充分利用水系及其滨水地带开展多种水上和滨水活动，如散步、戏水、垂钓、观赏、锻炼等（图7－12）。

（3）安全性

安全性是城市园林景观区需要重点考虑的问题，是人们在此进行各种活动的前提。人对公园设施的安全需求总是放在第一位的。尤其是针对特殊人群的设施，要从细微处入手，不仅要消除显在的危险因素，也要消除潜在的危险因素。滨水景观区的使用还要考虑到老人和儿童，这就要求设计者更加注重滨水区尤其是堤岸的安全性，因为这是滨水区开发最基本的功能要求。

（4）私密性

城市园林景观区要给群众提供可以保持私密性的场所，这样可以使亲人、朋友或恋人在他人不在场的情况下充分表达自己的感情；可以使人们隔离外界的干扰，而在需要的时候可以保持和外界的联系。

图7－11 公共性
图7－12 亲水性

7.2.2 城市园林景观区行为模式

人的行为几乎涉及无限的范围，它不是一件事物而是一个过程，它是外显的活动，也是内在的心理活动。行为表现人的社会结构意识，是一种能动性活动，并且行为在许多方面是与物质环境特性有机联系的。国外的研究小组调查表明，不同年龄、文化背景的人对于公共空间环境特色的需求有所不同。有人向往幽静，有人喜欢喧闹；青年人崇尚时尚，中老年人趋向怀旧。这一系列复杂的心理与行为特征、审美情趣导致对同一个公共空间的品质要求各不相同。因此规划建造城市园林景观区必须更注重均衡，能够让不同人群各得其所。

（1）休闲游憩

这是最常见的活动方式，其特点是介于目的性与非目的性之间，人们活动表现出亲适性和随意性，在空间分布上呈现离散的随意状态。活动内容包括散步、烧烤、垂钓、驾骑等（图7－13）。

（2）审美欣赏

该类活动带有个体属性的审美标准，属于较高层次的活动需求。其特点是活动在空间分布和时间分布上更加离散，包括览胜、摄影、写生、写作等（图7－14）。

（3）科技教育

能满足人们学习的需要，加强社会的教育功能，具有重要的现实意义。城市化的加剧使人们对于日渐疏远的自然环境更加向往，包括考察、探险、观测、科普、教育、采集（标本）、文博展览、宣传等。

（4）娱乐体育

包括游戏娱乐、健身、演艺、划船、沙滩运动以及其他体育活动等。

（5）休养保健

包括避寒避暑、野营露营、疗养、日光浴、海水浴、泥沙浴等。

（6）群众性

该类活动具有广泛的群众性，空间分布上呈现对于场地要求的集中性，时间上具有时段性和瞬间性，包括民俗节庆、社交聚会、宗教礼仪等。

图7－13

图7－14

7.3 城市园林景观区的公共环境设施

城市园林景观区的公共环境设施见表7－1。

表7－1　城市园林景观区公共环境设施重要程度一览表

设施类别	设施名称	重要性	设施类别	设施名称	重要性
休息类设施	座椅	■	管理类设施	管理亭	■
	凉亭	■		消防栓	□
	棚架	■		配电箱	□
信息类设施	公用电话亭	■		窨井盖	□
	街钟	□	商业类设施	售货亭	■
	邮筒	□		书报亭	□
	广告牌	□	自助类设施	自动售货机	■
	广告塔	□		自动查询机	□
	标志牌	■		自动售票机	□
	路牌	■		信息终端	□
	导游图	■	观赏类设施	花坛	□
	电子问讯装置	■		景观小品	□
交通类设施	候车亭	□	游乐类设施	健身设施	□
	护柱	■		游乐设施	■
	护栏	■	照明类设施	路灯	■
	自行车停放架	□		草坪灯	■
	交通信号	□		庭院灯	□
	停车场装置	□		霓虹灯	□
卫生类设施	公共厕所	■		投光照明	□
	垃圾箱	■	无障碍设施	残疾人坡道	■
	烟灰筒	■		专用电梯	□
	饮水器	■			
	洗手池	■			

7.4 城市园林景观区公共环境设施设计

7.4.1 城市园林景观区公共环境设施设计要求

园林景观区设施的安全性是设计时首先要考虑的。尤其是针对特殊人群的设施，要从细微处入手，不仅要消除显在的危险因素，也要消除潜在的危险因素。

人在园林景观区的行为需求是多种多样的，环境设施应尽量做到完善、齐全，让游人能够自在随意地享受。

园林景观区设施多是小而分散布置和处理的，在设计中，应把景观作为一个整体来考虑，追求景观整体风格的统一。既注重各类设施单体的观赏效果，又要注意同一环境中它们的主次关系，设施应系列化。或采用同一材料制成，或应用同一色彩，或具有同一风格，从而使它们在统一的基调下有规律地变化。

每个设施与整个环境之间都有着密切的依存关系，单纯追求设施单体的完美是不够的，还要充分考虑设施与环境的融合关系。设施的空间尺度和形象、材料、色彩等因素应与周围环境相协调。

设计时还应切实考虑施工、制作和管理等方面的经济效益，以及技术水平等因素，确保其设计实施的可行性，并且持久耐用。园林景观区设施不求采用高档、昂贵的材料，但力求以其独特的艺术造型达到意想不到的艺术效果。对高档材料的追求是人们认识的误区，这样容易造成资金的浪费且影响市政建设的持续性。

随着我国城市化进程步伐的加快，许多文化景观遭到严重的破坏，对文化、风俗延续产生不利的影响，景观风格趋同化使具有民族及地方特色的公共空间日趋减少。在城市园林景观区设计过程中，挖掘和提炼具有地方特色的风情、风俗，表现在景观设施设计中，以增强当地居民的文化认同感，增加区域内居民的文化凝聚力和提高景观价值（图7−15、图7−16）。

图7−15 设施形式统一

图7−16 具有地方特色的设施

7.4.2 城市园林景观区重要的公共环境设施

(1) 标志设施

图7-17 定位标志

①标志设施的分类。标志是信息设施的重要组成部分，主要功能是迅速准确地为人们提供各种环境信息。园林绿地设施中的标志包括场所位置的定位标志、引导方向的标志、传达知识信息标示等。

a.定位标志。定位通常是人们进入一个新的或不熟悉的环境中所做的第一件事，只有知道当前位置与整体环境的关系，才能进一步找寻其他地方（图7－17）。同时，理解一个空间整体的形状和布局以及当前所处的位置，对创建一条有效的路线达到目的地也是十分必要的。这一类型的标志通常包括在入口处、建筑关联点和地标处设置的地图、分解图和平面图。

定位标志的设计要点：

·尽可能地水平安装，因为垂直地图会比较难理解。

·地图的定位应确保其上的指北针指示真实的北向。

·合理地放置地图，使上面图解的特征与真实事物恰好对应。

·避免线条僵硬的完全平面的图形设计，形式简单的鸟瞰图最佳。

·如果可能，使用一些符号或象形图形帮助理解。

b.导向标志。导向标志是明晰的导航工具。一般列出目的地，并伴有指向箭头或与目标地点间的距离，有助于人们在决定点的位置做出选择，并随时量度行进的过程。通常这类标志以连贯的措辞和统一的细部为特征，并作为一个有序的系统而存在。好的导向设计会让人们对它产生一种期待（图7-18～图7-20）。

图7-18～图7-20 导向标志

c.信息标志。信息标志在环境中随处可见。随着人们对人文环境中传统文化价值的日益重视，在标志中包含知识性、历史性、教育性等信息已经成为设计的一种趋向。传达的信息不同，标志设计的目的、形式也就不同。

动物园可利用信息标志将各种与动物相关的知识自然展现在观者面前，并帮助观者建立一定的知识线索或时间顺序。

商业旅游系统中的信息主要包括交通信息和某一个步行子系统内含有的历史文化类信息，如某古建筑古迹的历史、文化、风俗、物产及传奇故事等。

信息标志对提升城市在文化旅游方面的吸引力具有显著的作用，信息标志的设计是对有价值的信息的提炼并使之视觉化，从而将环境形象化、人情化（图7－21）。

②标志的不同表达形式。

文字标志的特点是规范和准确；绘图记号具有直观、易于理解、无语言文字障碍，容易产生瞬间理解的优点；图示标志，如方位导游图，采用平面图、照片加简单文字构成，引导人们认识陌生环境、明确所处方位。在具体设计中，标志的信息往往通过文字、绘图、记号、图示等形式予以表达，它们各有特点，不同的特点又适用于不同环境（图7－22）。

图7－21 信息标志

图7－22 标志图形

（2）公共厕所

在城市中公共厕所的设置应根据人流活动频繁和密集程度而定，一般街道公共厕所的设置距离为700～1000m，商业街和居民区为300～500m，流动人口高度密集的场所则控制在300m之内，男女便位的比例为1∶1或3∶2，室内净高为3～4m为宜，室内地面要比室外地面高，公共厕所的采光、通风面积与地面面积比应不小于1∶8，外墙采光不足可加天窗，大便位最小尺寸分别为外开门时0.9m×1.2m，内开门时为0.9m×1.4m，并列小便斗的中心间距不应小于0.65m，单排便位的开门为外开门时，走道宽度以1.3m为宜，双排便位外开门的走道宽度以1.5m为宜，便位间的隔板高度为1.5～1.8m为宜。

目前的公共厕所都是按照性别模式进行区分，分为男、女两个空间。国外的厕所设计不仅仅区分为两个空间，而是三个或更多。这种按照不同的使用群体设置的厕所为老、弱、幼、残的人提供了无障碍的便利。

在城市园林景观区中，公厕是必不可少的服务设施之一。由于过去公厕卫生条件差，总是给人不好的印象。在优美的园林景观区中，公厕的设计要注意干净整洁、造型美观、标志清楚、结构合理，利用植物和绿地有机结合，厕所门前利用伸出的构筑物和灌木进行遮挡处理，阻挡人的视线进入。无论采取何种设置方式，都要避免在公共场所中过于突出，一般要设置明显的路标或特殊铺地予以引导、指明。隐匿或半隐匿处理的公厕应做明显的标志处理，且其入口不要朝向景观好的地方。出入口应有明确的中英文标志，并明确指示男女性别，并且考虑无障碍设计。

图7－23 公共厕所

随着科技的发展，智能公厕出现了。公共厕所也从一个侧面反映了一个国家的科技发展水平，反映了人们对生活的追求，反映了一个民族的审美观（图7－23）。

7.5 城市园林景观区公共环境设施设计教学案例

7.5.1 香港迪士尼乐园

图7-24、图7-25 迪士尼公园入口设施

香港迪士尼乐园（Hong Kong Disneyland）是全球第五个以迪士尼乐园模式兴建、迪士尼全球的第十一个主题乐园（首个根据加州迪士尼为蓝本的主题乐园）。香港迪士尼乐园设有一些独一无二的特色景点、两家迪士尼主题酒店，以及多彩多姿的购物、饮食和娱乐设施。乐园大致上包括四个主题区：美国小镇大街、探险世界、幻想世界和明日世界。除了家喻户晓的迪士尼经典故事及游乐设施外，香港迪士尼乐园还配合香港的文化特色，构思一些专为香港而设的游乐设施、娱乐表演及巡游。在乐园内还可寻得迪士尼的卡通人物米奇老鼠、小熊维尼、花木兰、灰姑娘、睡美人等。香港迪士尼乐园公共设施种类繁多，丰富多彩，设计风格鲜明，独具特色（图7－24～图7－29）。

图7-26、图7-27 迪士尼公园设施

图7-28、图7-29 迪士尼公园土著风格设施

7.5.2 天津海河外滩公园

海河外滩公园是天津市海河开发中最早开发、最早竣工的项目。东起塘沽新华路立交桥，西至悦海园高层住宅小区，北至上海道解放路商业步行街，南临海河，平面呈不规则带状梯形。海河外滩公园开阔的空间使其成为滨海地区最大的休闲广场，为百姓休闲、健身提供了一片广阔的天地，体现了“还河于民”的主导思想，改变目前人们临水不亲水的现状。为确保外滩广场夜晚亮起来，广场内外装点各种泛光灯、景观灯1万套，另有19组风格各异的青铜景观雕塑点缀在广场的不同部位，极具观赏价值。外滩沿线由文化娱乐区、商业休闲区、绿化景观区和高台景观区四部分组成，以沿河木制人行步道相贯通。最为抢眼的三组大型标志物“碧海帆影”自西至东分别高达100米、70米、50米，分别矗立在第一、第二、第三景区内；三个构架像大海中航行的帆船，环绕三个标志物形成的景观水体约9000平方米，与蔚蓝的海河相映成辉（图7-30～图7-35）。

图7-30～图7-35 天津海河外滩公园

7.5.3 围棋博物馆公共设施设计

设计说明：

主要针对围棋博物馆公共设施进行设计。明显的特征是通过运用中国围棋元素，结合公共设施的功能进行造型设计，把围棋的元素运用在其中，凸显中国的文化底蕴，也表现出场所的文化气息。设计定位以突出围棋元素，进行主题性系列公共设施设计，同时还具有实用性、环保性、简洁性等特点，突出秩序美感，满足人们在特定公共场所的需要，让顾客在使用公共设施的同时，更加体会围棋博物馆的韵味（图7－36～图7－40）。

设计：郑军　　　指导：毕留举

图7－36 设计草图

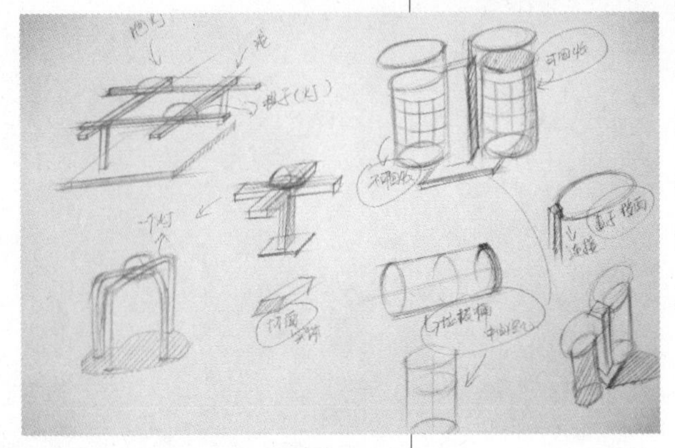

图7－37 标志牌设计

图7－38 垃圾桶设计

图7－39 座椅设计

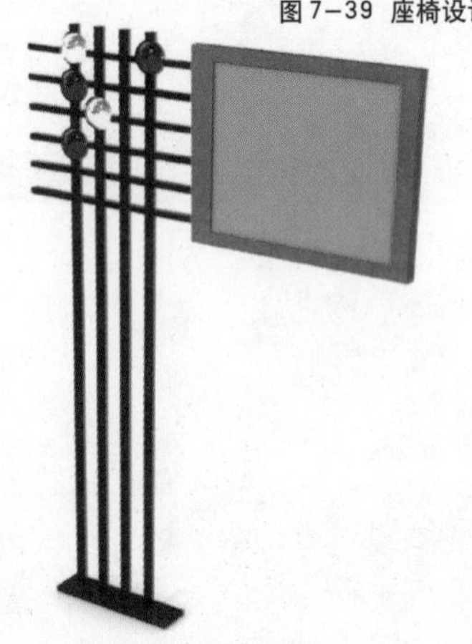

图7－40 电话亭设计

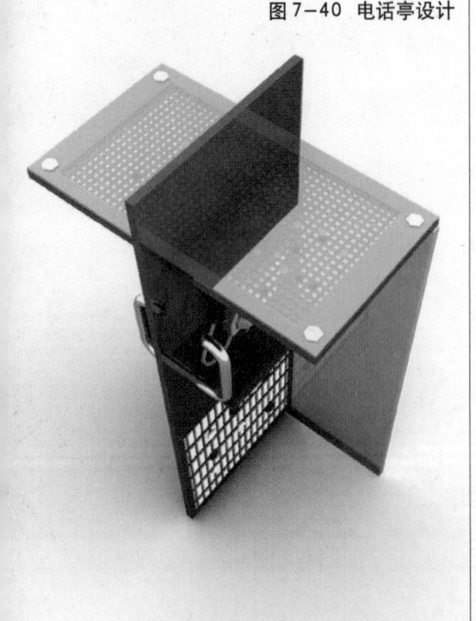

8

城市交通空间公共环境设施设计

8.1 城市交通空间的空间特征

城市道路系统主要满足公众出行和货物输送需求。因城市的规模、性质、结构、地理位置和政治经济地位的差异而各有特点，但都是以客运为重点，并在早晚上下班时间形成客运高峰。全国百万人口以上大城市已发展到32个，总人口达9053.8万人。据抽样调查，城市人均出行次数，从20世纪80年代初每天2次，提高到如今的2.7次。再加上数目庞大的流动人口，城市的生产和生活强度增加，实现这些人员流动和物资运输的主要载体是城市交通，城市内部客货运交通承受沉重的压力（图8－1～图8－3）。

图8－1、图8－2 交通是城市的命脉

图8－3 城市交通分类

8.1.1 城市交通的组成

城市交通由私人交通、城市公共交通和货物专业运输三部分组成。

（1）私人交通

包括徒步和以自用车为交通工具的出行。自用车有轿车、摩托车、自行车等。私人交通机动灵活，方便人们出行，但车载小、效率低，给城市带来交通拥挤和阻塞、停放车辆场地严重不足等问题。因此，私人交通在大、中型城市宜适当控制发展，只宜作为城市公共交通的辅助方式。

（2）城市公共交通

旅客运载，其客运工具有公共汽车、有轨电车、无轨电车、地下铁道、轮渡和出租汽车等。随着城市的发展，在现代大城市中，地下铁道和快速有轨电车逐渐发展成为城市交通的骨干。城市公共交通的运营方式通常有定线定站服务、定线不定站服务（如小型公共汽车）和不定线不定站服务（如出租汽车）。公共交通工具载量大，运送效益高，能源消耗低，相对污染小，运输成本低。因此，优先发展城市公共交通是解决城市交通拥挤、阻塞的措施，也是节约能源、减少污染、改善城市环境的重要途径。

（3）货物专业运输

由拥有专业化运输工具的运输企业经营。它的运送效率高，货物损坏率低。发展货物专业运输便于因货配车，并通过合理的计划调度减少车辆空驶，提高车辆的行程利用率和设备利用率，从而大量节约运力投资，有效地减少城市交通车流，节约能源，降低货运成本。

目前，我国城镇化进程快速推进，人口持续向大城市聚集，城市交通面临巨大的压力。随着城市建设的进一步加快，人民群众对公共交通设施的建设提出了更高的要求，希望公共交通设施在满足交通的功能要求下，关注人民群众在使用公共交通设施过程中与公共交通设施的交互关系，突出以人为核心，更能体现人本关怀（图8-4～图8-9）。

图8-4 货物运输

图8-5 自行车

图8-6 公交运输

图8-7 私人交通

图8-8 有轨电车

图8-9 地下交通出口

8.1.2 城市公共交通空间类型

城市公共交通是由公共汽车、电车、轨道交通、出租汽车、轮渡等交通方式组成的公共客运交通系统，是重要的城市基础设施，是关系国计民生的社会公益事业。城市公共交通不仅满足城市居民出行的需求，从某种意义上讲，它对城市功能的正常发挥起到了一定的组织作用。交通是城市的命脉，公共交通设施作为城市的重要基础设施，与人民群众的生产生活密切相关，是城市经济、社会全面协调发展的重要基础。工业化程度较高、经济力量比较强大的地区，在公共交通设施建设中的投资比较大，公共交通设施的建设也比较完善。

（1）城市公共汽车站

图8-10 公交站

公交运输在城市中一直占有重要的地位，满足大多数人的出行需要，公交车的类型分为：单层公共汽车、双层公共汽车、快速公共汽车、电车、导轨电车等种类。公交线路网随着城市的建设发展，覆盖了整个城市的各地区，在各条公交沿线上设置若干公共汽车车站，满足人们的乘车出行需求。候车公用设施，主要指候车环境中的各种公共设施，如：候车亭、休息椅、各种信息设施、垃圾箱等。这类设施主要是针对公共交通环境所设置的，为使用常规公交的人们提供服务，满足出行者的休息、安全、信息服务等多方面需要。随着人性化设计理念的深入，设施的功能不断提高，例如英国很早就开始在公共汽车站设有"实时"信息牌功能，提示乘客下一辆车何时到达，伦敦在700条线路上提供6500个装有此类信息牌的公共汽车站。公交车还可以装置感应器，在交叉路口时可变换成方便其通行的交通信号灯，可准确地停靠高于地面的公共停车站，方便轮椅上车（图8－10）。

（2）城市轨道交通站

大多数的城市轨道交通系统都是用来运载市内的乘客，是城市交通的骨干。城市轨道交通系统是用以解决交通堵塞问题的方法，亦是展示国家在经济、社会以及技术上的指标。例如前苏联的地下铁路系统便以车站装饰华丽出名，而朝鲜首都平壤的地下铁路系统亦装饰华美。

城市轨道交通分为地铁和轻轨两种制式，地铁和轻轨都可以建在地下、地面或高架上。为了增强轨道的稳定性，减少养护和维修的工作量，地铁和轻轨都选用轨距为1435毫米的国际标准双轨作为列车轨道，与国际列车选用的轨道规格相同，并没有所谓的钢轨重量轻重之分。划分两者区别的依据是所选用列车的规格。按照国际标准，城市轨道交通列车可分为A、B、C三种型号，分别对应3米、2.8米、2.6米的列车宽度。凡是选用A型或B型列车的轨道交通线路称为地铁，采用5～8节编组列车；选用C型列车的轨道交通线路称为轻轨（上海轨道交通8号线除外），采用2～4节编组列车，列车的车型和编组决定了车轴重量和站台长度。上海轨道交通3号线采用6节编组A型列车，有90%的线路都是在高架上，但是按照车型分类标准仍然属于地铁线路；上海轨道交通6号线采用4节编组C型列车，有70%的线路都是在隧道内，但是按照车型分类标准仍然属于轻轨线路。在我国的规范中，轴重相对较轻，单方向输送能力在1万～3万人次每小时的轨道交通系统，称为轻轨；每小时客运量3万～8万人次的轨道交通系统，称为地铁。

目前我国地铁站基本空间结构包括：地铁站出入口，站厅（含售票／检票／补票），站台（含生产／管理／生活用房）和车辆（图8－11～图8－20）。

图8－11 城市轨道交通站

图 8–12、图 8–13 地铁的公共设施

图 8–14、图 8–15 泊车计时器

图 8–16 停车场管理设施

图 8–17 行人过街警示设施

图 8–18 道路隔音设施

图 8–19 交通护栏、护柱

图 8–20 停车设施

8.2 城市交通空间人的行为特征

公共交通设施与行人的交互作用要求更加关注行人在公共交通中的多种需要。一切公共交通设施都是为行人服务的，是为了行人的使用而存在，而行人又要在公共交通设施的管理、组织、约束下完成交通行为。

（1）必要性活动

必要性活动指的是与目的直接相关的活动，如乘坐公交汽车的人们，首先要搜索出行线路、乘坐车次等信息，然后寻找所乘坐交通工具的具体位置，最后必须度过一段枯燥的候车时间等。

乘坐轨道交通的人们也是先搜索出行线路、乘坐车次等信息，到购票处或到自动购票机处购票，然后通过检票口，来到站厅候车。

（2）自发性活动

乘坐公交汽车的人们在完成了必要的查询车次后，常常会选择一处视野好、信息量丰富、设施较为集中的地方停留下来，例如听音乐、玩弄手机、看报、看杂志、聊天、饮食等，以此候车。也有人会选择靠近护栏的道路边缘驻留，朝车辆进站方向观望，直至见到所等车辆。

乘坐轨道交通的人们心理因素更加复杂，地铁大多数是相对封闭的地下空间的交通，与其他地面交通工具最大的不同是，与交通无关的人一般不会进入地铁空间。心理学博士Hullon和Kendall与地下空间专家合作，研究了人们对地下空间环境的心理态度，以及它们如何影响到人们的状态的问题。结果表明，人们在地下空间里，更多的是关注环境的心理反应和环境的物理反应的，主要的评价是不安、不快、消沉、孤立、缺乏吸引力、不开阔、紧张和气闷等。在相对封闭的地铁空间里，如果流动性不好，会增加人们的焦虑感和不安全感。

8.3 城市交通空间的公共环境设施

城市交通空间公共环境设施重要程度见表8－1。

表8－1 城市交通空间公共环境设施重要程度一览表

设施类别	设施名称	重要性	设施类别	设施名称	重要性
休息类设施	座椅	■	管理类设施	管理亭	■
	凉亭	□		消防栓	□
	棚架	■		配电箱	□
信息类设施	公用电话亭	■		窨井盖	□
	街钟	□	商业类设施	售货亭	■
	邮筒	□		书报亭	□
	广告牌	□	自助类设施	自动售货机	■
	广告塔	□		自动查询机	□
	标志牌	■		自动售票机	■
	路牌	□		信息终端	□
	导游图	■	观赏类设施	花坛	□
	电子问讯装置	■		景观小品	□
交通类设施	候车亭	□	游乐类设施	健身设施	□
	护柱	■		游乐设施	□
	护栏	■	照明类设施	路灯	■
	自行车停放架	□		草坪灯	□
	交通信号	□		庭院灯	□
	停车场装置	□		霓虹灯	□
卫生类设施	公共厕所	■		投光照明	□
	垃圾箱	■	无障碍设施	残疾人坡道	■
	烟灰筒	■		专用电梯	□
	饮水器	■			
	洗手池	■			

8.4 城市交通空间公共环境设施设计

8.4.1 设计要求

公共交通设施与行人之间是服务与被服务的关系，同时又是管理与被管理的关系。只有更为完善的公共交通设施才能更好地服务于人，服务于公共交通，为城市的交通便捷提供物质支持。也只有在更为完善的公共交通设施的管理、组织下，行人才能更加有序、便捷地完成交通行为。

公共交通设施为人群提供遮风避雨、安全舒适的候车空间。人群在与环境、候车设施接触的过程中，生理和心理的感受都可以被积极调动起来，如果生理上感觉舒适满足，情绪轻松愉悦，对时间的知觉就会偏短；相反，如果环境单调、冷漠、枯燥，则会使人们感觉等待的时间漫长。

地铁站内候车区的安全门的设置，应避免乘客跌落站台；环保节能的空调设施，保证候车环境的舒适。地铁站内设施要注重细节设计，乘客信息显示、公共卫生间、直饮水、站内座椅、自助售货、公用电话、无线移动接入等服务设施齐备。在地铁站台的人们心理和情感上会有一些陌生感和压抑感，需要有一套完善的公共设施缓解人们的心理压力，并能在地铁空间中确定自己准确的方位，让人有安全感。良好的公共设施还可以活跃氛围，打破地下空间的消沉感，还使人在心理上不会产生恐惧感，感受到的是一种安全和轻松的心理状态。

公共交通设施的形态、色彩、质感等视觉与触觉效果的形式设计，要注意现有设施都是批量生产的工业产品，在形态上差异小，所以必须根据城市特色进行设计，避免与其他城市形式相同，出现千城一面的现象。

8.4.2 城市交通空间重要的公共环境设施

(1) 公交候车亭

公交站亭是城市公共交通系统中的“点”的设施，是城市公共汽车停靠的站点和乘客候车、换乘的场所，公交站亭的设计在一定程度上能够反映城市的文明和城市的人性化设计，这一设施的不断完善是城市软性品质提升的重要标志，特别是在城市广场等大型交互空间，这一点更能体现出一个城市的品质。

公交站亭的主要功能是为乘客在等车的时间创造和提供便利、舒适的环境，保证人们在等候、上下车的时候的安全性和便利性，因此，公交站亭的设计需要具有防晒、防雨雪、防风等功能，同时材料上要考虑其环境为户外，通常采用不锈钢、铝材、玻璃等耐用易清洁的材料，造型上还应该保持较为开放的空间构成。

在实际场地的空间条件、空间尺度基本满足的情况下，应设置公交车亭、站台、站牌、遮棚、照明、垃圾箱、座椅等设施。对于路面狭窄、乘客数量少的公交站点，可以相应地简化处理。一般城市中的公交站亭长度不大于1.5～2倍的标准车长，宽度不小于1.2米（图8-21～图8-23）。

图8-21～图8-23 丰富多彩的公交候车亭

①公交站亭的类型。

公交站亭的类型主要有顶棚式、半封闭式、开放式。

a.顶棚式：只有顶棚和支撑设置，顶棚下部为通透的开放空间，方便乘客查看来往车辆，可单独设置标志牌等。无围合的公交站亭模型即是一种顶棚式公交站亭（图8-27）。

b.半封闭式：面向前面的道路和公交车驶来方向不设阻隔，通常在背墙应用顶棚，四个空间方向上至少有一个面是不设隔挡的，也就是说其他三个面可以有隔挡，也可以没有隔挡。如图8-24～图8-26所示，地面和顶棚是必需的，而立面

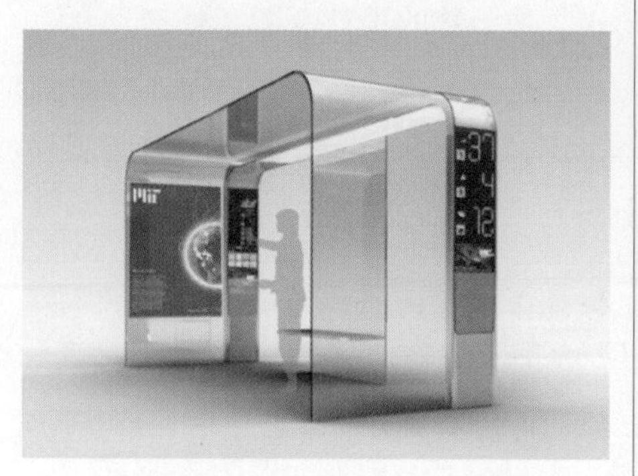

图8-24 三面围合式

图8-25 二面围合式

图8-26 一面围合式

都是可以拆卸，而且是相互独立的。其状态可以有以下几种：三面围合、二面围合、一面围合和无围合。而无围合就是顶棚式公交站亭的一种。

c.开放式：在顶棚式基础上大胆创新，将顶棚也去掉，不再设置顶棚的一种公交站亭。这种站亭只保留了地面一个面，而其他五个面都开放。这种站亭的设计需要合适的地点和气候环境。如图8－28所示，公交车站亭设计只有座椅和不锈钢管。

当然，这是公交站亭设计的一个极端例子。

图8－27 顶棚式

图8－28 开放式

②公交站亭设计的原则与要求。

a.要有易识别性。易识别性就是设计的公交站亭应该具有很好的识别性，人能从较远的地方认出或者从周围景观中能很容易识别，具有很好的对比等。

b.要能提升周边景观环境。公交车站亭由于自身有一定的体量感，会对周边景观环境产生一定的影响，因此，在设计公交车站亭时一定要注意和周边景观环境的协调，要么统一，要么产生很好的对比效果，以期提升景观形象，而不能破坏景观形象。

c.要有明确的空间、功能划分。公交车站亭设计应该注意空间的划分，特别是人流中动静空间的划分。还要注意公交站亭的功能划分，主要是座椅、垃圾箱、导示牌的设计及关系处理。

d.要具有可视性。可视性和易识别性是不一样的，可视性主要是指在公交站亭候车的人应具有良好的观测视野，公交站亭的设计不能牺牲候车人的视野。

e.体现地域特色。公交站亭的设计不但要有齐备的功能并与景观协调，还要能够体现城市独特的地域文化。

（2）自行车停放处

自行车是我国目前使用数量最多、最普遍的交通工具，自行车在空间环境中的摆放成为解决环境景观整体效果的重要问题。在很多公共环境空间周围或道路边都会设置固定的自行车停放点，多为具备遮棚的结构，也有的是简易的露天地面停放架或停放器。根据我国自行车使用数量多的情况，合理解决它的停放，达到既美观整齐又节省停放空间，讲究满载和空载时段的视觉效果，是自行车停放设施设计的要点。

停放方式：自行车的存放设施不仅要考虑功能，更要体现效益，充分考虑一定面积内的停放利用率。自行车的存放可采用单侧式、双侧式、放射式、悬吊式和立挂式等方式，其中悬吊式和立挂式节省面积，但存取不方便；放射式具有整齐美观的摆放效果。

表8-2 自行车基本尺寸（单位：mm）

类型	长	宽	高
28吋	1940	520～600	1150
26吋	1820	520～600	1000
20吋	1470	520～600	1000

表8-3 自行车单位停车位置

停车方式（与通道所成的角度）	单位停车面积（㎡/辆）	
	单排停车	双排停车
90°（垂直）	2.10	1.71
60°	1.60	1.35
45°	1.30	1.10
30°	1.10	0.95

自行车停放场车棚还应配备照明、指示标志等辅助设施。停放场的地面，最好选择那些不易受热变形的路面，如混凝土、天然石材等。在做雨水排放设计时，既要考虑地面，又要兼顾顶棚，可在地面铺置碎石，使顶棚上排放下来的雨水直接渗入地下或设置相应的排水槽。

①自行车停放设施设计的形式。

自行车停放设施设计主要有三种形式：

a.固定的停车柱。在结构上采用支撑柱来加强牢固性，多采用基于地面固定的方式，除可以停放自行车外，还可以从体量上强调领域性，起到拦阻设施的作用（图8-29～图8-31）。

图8-29～图8-31 自行车固定的停车柱

b.活动式停车架。活动式停车架分可移动式、可掩藏式。在设计上考虑到每组单体的可移动性，可以互相组合形成系列，也可以随时拆装而临时形成自行车停车场。在体型上可设计成轻巧型便于搬动；或与地面结合，使用时弹出地面，使用完毕后掩入地下作为地面装饰，既节省空间又美化环境（图8－32～图8－34）。

图8－32～图8－34 自行车活动式停车架

c.综合式停车架。主要是同其他公共环境设施结合，如栏杆、围栏、墙体、花坛边缘等设施结构的连体车架，既节省空间又能将环境功能结构简化，更好地与环境结合。还可以采用和座椅、电话亭、售货亭等结合的形式，是多功能结合的综合式停车架（图8－35、图8－36）。

图8－35、图8－36 自行车综合式停车架

②自行车停放架的设计原则与要求。

自行车的停放考虑到占地面积问题，设计时除了平放外，还采取阶层式停放、半立式存放等形式。平行式存放时与道路成90°，一般每60厘米间距停放一辆自行车；斜放式存放时与道路成30°～45°；单侧段差式存放，前轮离地，以前高后低的车架形式使车体的占地面积缩小；双侧段差式存放更有效地节约占地面积；放射式存放形成扇状或圆形的形态，增加空间环境的美感，等等。

a.节约空间，功能方便。这一点主要体现在自行车停放架的设计上要积极利用空间，并最大限度地节约空间，不仅是自行车停车架本身占用较少空间，并且在停放自行车后仍然能做到占用较小的空间。另外，还要求在减小占用空间的基础上方便自行车的停放。

b.利用已有景观建筑。自行车停车架主要功能是停放自行车，但是如果不考虑周围的景观建筑以及相应的构筑物的话，自行车停车架的设计会显得过于独立。即使设计的自行车停车架不是直接和周围构筑物结合，也应该考虑到其对周围景观建筑的影响。

c.简洁明了，造型不宜复杂。自行车停车架的设计应该遵循用最少的造型完成最多的功能原则。不需要设计成复杂的造型，这样反而不利于其功能的实现（图8-37～图8-40）。

图8-37～图8-40 自行车综合式停车架

8.5 城市交通空间公共环境设施设计教学案例

8.5.1 设计案例

轻轨车站和快速公交站的设计案例见图8－41～图8－47。

图8－41～图8－45 轻轨车站公共设施

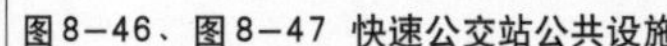

图8-46、图8-47 快速公交站公共设施

8.5.2 公交候车亭设计

设计说明：公交候车亭造型风格现代时尚，选用半透明玻璃与不锈钢材料，干净整洁，在其中设置智能信息查询系统，方便乘客查阅地图、站点及车次的行车路线等。从精神文化方面考虑，局部地面设计一层玻璃隔层，下面设置展示城市的影像图片资料，让乘客等候公交车的时候，可以欣赏到城市及地区的风景等信息，开阔视野，同时也能起到减少候车的烦躁与疲劳的作用。

该公交候车亭设计造型简洁，材料运用合理，功能齐备，采用电子智能信息系统，符合当今时代的要求；能从精神文化方面为使用者考虑，减少候车的烦躁与疲劳，展示城市的人文特色。此设计方案需要解决防晒与防滑等问题（图8－48～图8–50）。

设计：刘泉　　　指导：毕留举

图8–48 公交候车亭设计草图

图8–49、图8–50 公交候车亭效果图

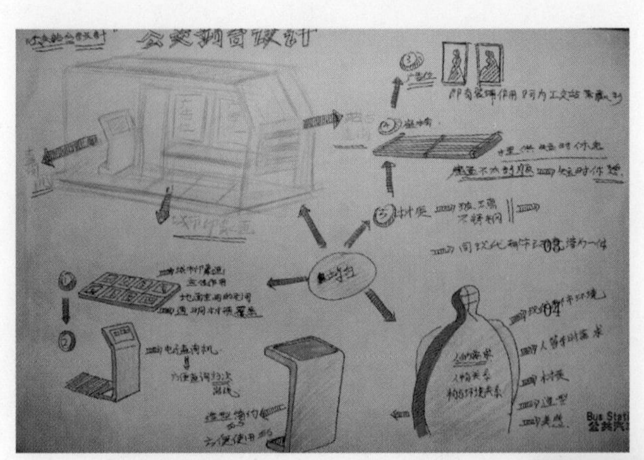

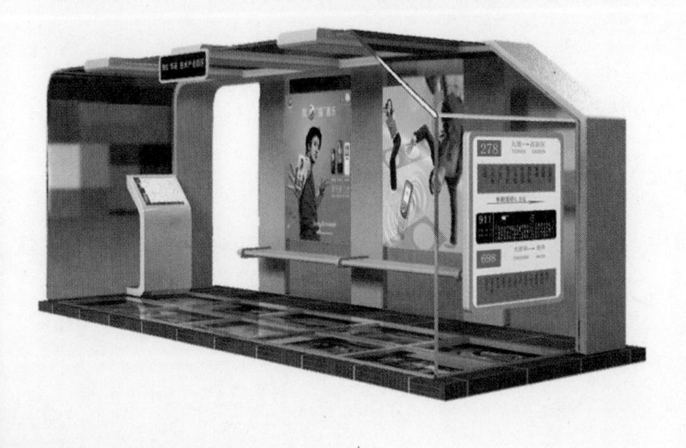

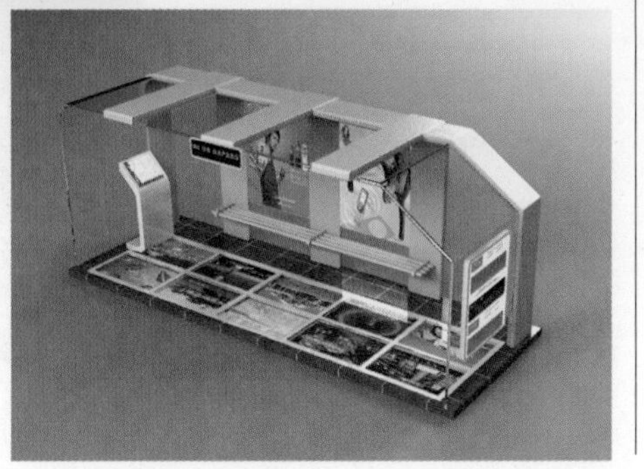

8.5.3 智能公交候车亭设计

设计说明：以百货大楼的环境为背景，为该地段设计一座智能公交候车亭。首先公交候车亭是聚集人群的公共设施，设计构思从汇集入手，蜂室是蜜蜂聚集的地方，从聚集的角度看，蜂室与公交候车亭具有同构性，所以智能公交候车亭整体造型采用一个六棱形状，有“聚集”之意，聚集候车的人群，造型具有趣味性和亲切感。智能公交候车亭设计突出节能与环保的特点，使用太阳能储备电能支持智能公交系统，人们可以通过电子屏幕查询到所乘车次、等候时间，还可以为外地人提供电子地图，方便查询所去的地方及乘车路线（图8－51～图8－54）。

设计：于丽　　　指导：毕留举

图8－51　对现场进行调查
图8－52　智能公交候车亭设计草图
图8－53　智能公交候车亭使用情况效果图
图8－54　智能公交候车亭效果图

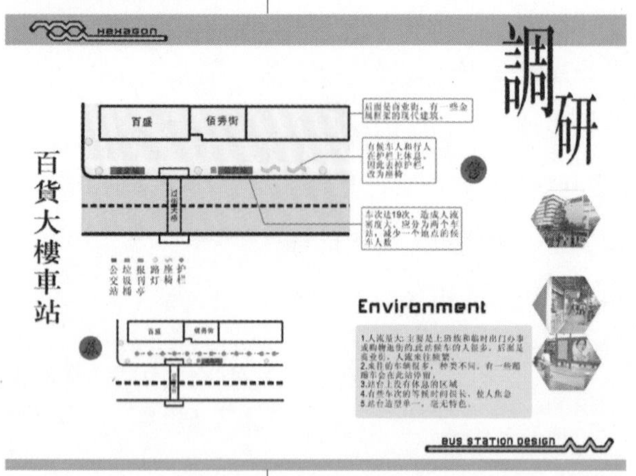

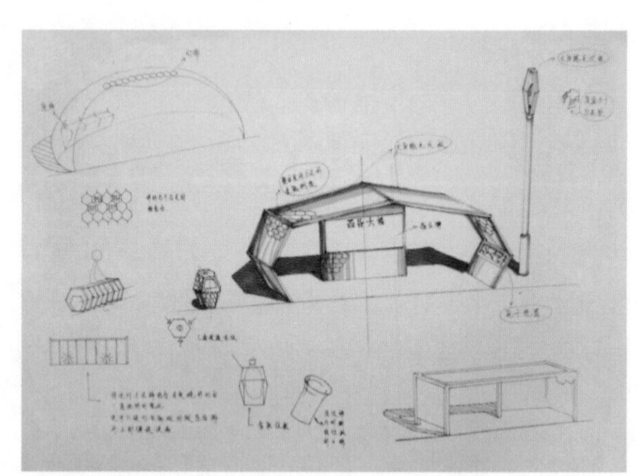

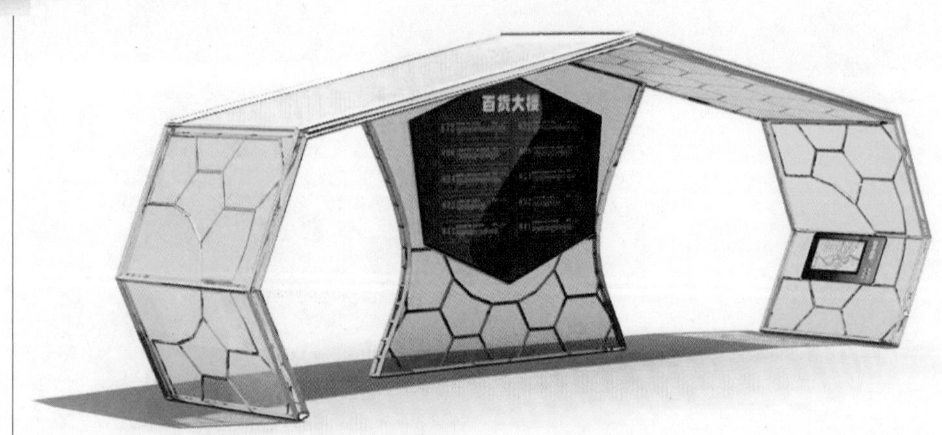

参　考　文　献

CANKAOWENXIAN

1.[日] 土木学会编．道路景观设计．章俊华，陆伟，雷芸译．北京：中国建筑工业出版社，2003

2.崔文凯编著．公共环境设施设计．沈阳：辽宁美术出版社，2006

3.刘永德等著．建筑外环境设计．北京：中国建筑工业出版社，1996

4.张海林，董雅编著．城市空间元素——公共环境设施设计．北京：中国建筑工业出版社，2007

5.安秀编著．公共设施与环境艺术设计．北京：中国建筑工业出版社，2007

6.过伟敏，史明编著．城市景观形象的视觉设计．南京：东南大学出版社，2005

7.于冰，周湘津主编．当代欧洲城市环境．天津：天津大学出版社，2004

8.[日] 画报社编辑部编．景观设施．唐建，王玮等译．沈阳：辽宁科学技术出版社，2003

9.[日] 画报社编辑部编．标识．苏晓静，唐建译．沈阳：辽宁科学技术出版社，2003

10.刘晓明，王欣编．公共绿地景观设计．北京：中国建筑工业出版社，2003

11.[美] 凯文·林奇著．城市意象．方益军译．北京：华夏出版社，2001

12.张宪荣，陈麦，张萱编著．工业设计理念与方法．北京：北京理工大学出版社，2005

13.江湘芸编著．设计材料及加工工艺．北京：北京理工大学出版社，2003

14.梁雪，肖连望著．城市空间设计．天津：天津大学出版社，2000

15.王建国著．城市设计．南京：东南大学出版社，1999

后　记

HOUJI

城市公共环境设施是社会文明程度的一种显著标志，显示了城市经济与文化建设的综合实力。城市公共环境设施促进了人与人的交流，促进了人与自然的对话。城市公共环境设施完善了城市服务功能，满足了市民的需求，丰富了市民的生活，提高了城市生活质量，它融合城市传统文化和创新文化，彰显着城市的个性与特色。

本书是高等学校专业设计教材，主要面向工业设计、环境艺术设计等专业的学生，对城市公共环境设施基本概念、基础知识、设计程序与方法做了系统的介绍，同时针对城市主要的空间环境与设施分章进行介绍，并对各空间环境中的重要设施进行详细的分析，同时选用了相关的案例和学生作业，便于读者学习。本书以工业设计视角进行编写，强调城市公共环境设施的工业化生产特点，突出城市公共环境设施的系列化与整体性，强调公共环境设施与环境的融合、协调关系。

本书是各位作者密切合作的产物，根据作者的研究特长分工编写。毕留举编写第一、五、八章；解基程编写第七章；张小开编写第二、三章；孙媛媛编写第四、六章。

本书最终完成出版，首先感谢湖南大学出版社的领导和编辑给予的指导帮助；在编写的过程中吸收、参考了同行专家的思想和研究成果，书中的大量图片由作者拍摄，其余的图片来自国内外优秀参考文献，在此表示衷心的感谢。另外，天津城市建设学院卢雅静、周海东、杨尚青、王一璐、胡盈、周鹏、张诗玄、赵鹏浩等同学为本书的图片进行了绘制与整理工作，书中还选用了2006、2007级工业设计、景观建筑设计专业学生的部分作业，在此表示感谢。因作者的水平有限，书中不妥之处，恳请广大读者批评指正。

编　者